실전에 강한 아이로 키우는 법

本番に強い子の育て方

HONBANNI TSUYOI KO NO SODATEKATA

Copyright © 2016 by YOUTAROU MORIKAWA

Original Japanese edition published by Discover 21, Inc., Tokyo, Japan

Korean edition is published by arrangement with Discover 21, Inc. through Danny Hong Agency.

시험, 대회, 시합…
실전에만 가면 작아지는 우리 아이,
'OK 라인' 하나면 해결된다!

실전에 강한 아이로 키우는 법

모리카와 요타로 지음 | 박현주 옮김

웅진리빙하우스

들어가는 말

학교 행사나 스포츠 시합, 각종 시험 등 우리 아이들은 어릴 때부터 온갖 '실전'을 경험하며 자랍니다. 하지만

- '실전'에서만 본래 실력을 발휘하지 못하는
- '실전'이 다가올수록 상태가 불안정해지는
- '실전'이 무서워서 도망쳐버리는
- '실전'에서 집중하지 못하는
- '실전'까지 의욕을 유지하지 못하는

아이들이 무척이나 많습니다. '실전에 약한' 아이들이지요.

공부든 스포츠든 매일 꾸준히 노력하는데도 이러한 케이스가 적지 않습니다. 그래서 "평상시 하던 대로만 하면 잘할 텐데 왜 그렇게 못하니?"라든지 "좀 더 자신감을 가지면 좋은

결과가 나올 텐데 왜 자신감이 없니?"라며 안타까워하는 부모님들이 많습니다. 그러니 다들 이 책을 읽기로 결심하셨을 겁니다.

저는 멘탈 트레이너입니다. 제가 설립한 '리콜렉트 recollect'에서는 주로 운동선수와 비즈니스맨, 그리고 어린이와 청소년들이 실전에서 실력을 발휘할 수 있는 멘탈을 기르도록 돕고 있습니다. 아마 대부분의 사람들은 '멘탈 트레이닝'이라고 하면 긴 시간을 들여 자신의 내면을 변화시키는 이미지를 떠올릴 겁니다.

하지만 제가 고안한 'OK 라인 트레이닝'은 조금 다릅니다. 이는 '있는 그대로의' 상태에서 원하는 결과를 얻을 수 있는 트레이닝입니다. 이 책에는 불과 일주일 만에 확실한 변화를 가져오는 방법도 실려 있습니다.

리콜렉트는 연령을 제한하지 않고 성인부터 초등학생까지 폭넓게 돕고 있지만, 사실 제가 체감하기에 효과가 더 빠른 쪽은 성인보다 어린이입니다. 왜 그럴까요?

한 가지 이유는, 이 트레이닝의 의미를 정확하게 이해한 부모님들의 적절한 조언과 보살핌 덕분에 트레이닝 효과가 두 배로 증가하기 때문입니다. 가장 가까운 곳에 존재하는 아버지와 어머니야말로 어린이에게는 전속 멘탈 트레이너와 마찬가지입니다. 부모가 최강의 멘탈 트레이너라면, 비록 마음 약한 아이, 겁 많은 아이, 집중력이 부족한 아이, 늘 의욕이 없는 아이라 하더라도 실전에 강한 아이로 변화시킬 수 있습니다.

OK 라인 트레이닝은 결코 어렵지 않습니다. 시간도 많이 걸리지 않습니다. 예를 들어 한 달 후에 치러야 할 중요한 '실전'이 기다리고 있다면, 지금부터 실천해도 충분합니다.

자, 그럼 이제 시작해볼까요?

차례

긴장을 즐기는 방법은 따로 있다

PART 3

'OK 라인'으로
우리 아이 자신감 쑥쑥 올려주기

PART 4

'OK 라인'으로
자신 있게 목표 달성하기

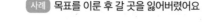

PART 5
부모님을 위한
효과 만점 노하우

PART 1

실전에서
긴장하는 우리 아이,
무엇이 문제일까?

실전에 강한 사람은
긴장하지 않을까?

우리가 '실전'에서 실력을 제대로 발휘하지 못하는 이유는 무엇일까요? 대부분은 바로 '긴장' 때문입니다. 극도로 긴장한 나머지 손이 떨리고 머릿속이 새하얘지는 거지요. 심장이 두근거려 아무것도 못하는 사이 시간은 흘러가고, 그런 자신의 모습에 당황할수록 몸과 마음이 따로 놀게 됩니다. 중요한 일을 앞두고 너무 긴장해서 전날 잠도 못 자고 밥을 못 넘기는 아이들도 수두룩합니다.

그렇다면 실전에서 본래 능력을 발휘할 수 있는 사람이란

'긴장하지 않는 사람'일까요? 답은 '그렇지 않다'입니다. 정도의 차이는 있겠지만 큰 무대에서라면 프로 선수라 할지라도 누구나 긴장하기 마련입니다. 올림픽에서 메달을 획득한 선수가 경기 후 시합을 되돌아보며 "사실은 정말 긴장했어요!"라고 대답하는 것을 어렵지 않게 볼 수 있는 것처럼 말이지요.

사실 '긴장'이란 무의식중에 샘솟는 감정입니다. 그리고 감정은 그것이 어떤 종류든, 스스로 없애거나 다른 것으로 바꿀 수 없습니다. 좋은 것은 좋은 것이고, 싫은 것은 싫은 것이니까요. 피망을 싫어하는 아이에게 "좋아한다고 생각하고 먹어!"라고 말한다고 해서 아이가 그것을 맛있게 먹을 리 없습니다.

사실 긴장하지 않는 것은 어른에게도 어려운 일입니다. 들뜨고 싶어서 들뜨는 것이 아니고, 불안해지고 싶어서 불안한 것이 아닙니다. 긴장하고 싶지 않지만, 자신의 힘으로는 감정을 제어할 수 없기 때문입니다.

따라서 '실전에 강한 사람'이란 '긴장하지 않는 사람'을 말하는 것이 아닙니다. 정확히 말하면 실전에 강한 사람과 약한 사람의 차이는 '긴장한 상태에서도 실력을 발휘할 수 있는가' 여부입니다.

'긴장'과 '실패'는 한데 묶기 쉽습니다. 하지만 이 둘은 본래 결코 같은 뜻이 아닙니다. 그런데 언제부터인가 많은 사람들이 '긴장한다=실패한다=나쁜 것'이라고 생각합니다. '긴장해서 말을 제대로 못했다', '긴장해서 믿을 수 없는 실수를 저질렀다'같이, '과거에 긴장해서 실패한 경험'에 의해 긴장과 실패가 한 세트가 되어버렸기 때문입니다.

'긴장은 좋지 않은 거야'라는 어른들의 믿음은 아이들에게도 전파됩니다. 게다가 아이에게 긴장해서 실패한 경험이 있으면 더더욱 '긴장=나쁜 것'이라고 믿기 쉽습니다.

긴장은
나쁜 것이 아니야!

감정에는 플러스 감정과 마이너스 감정이 있습니다. 여기서 말하는 플러스 감정과 마이너스 감정은 무엇이 다를까요? 바로 그 감정을 기분 좋다고 느끼는지 혹은 싫다고 느끼는지의 차이입니다.

즉 받아들이는 방식의 차이일 뿐 '플러스 감정=좋은 것, 마이너스 감정=나쁜 것'이 아니라는 점에 주의해야 합니다. 플러스 감정을 느낄 때 실력을 충분히 발휘할 수 있다거나, 마이너스 감정으로는 실력을 발휘할 수 없다는 뜻이 아니라는 말이지요.

많은 부모님들이 오해하고 있는데, 실전에서 실력을 발휘하지 못하는 것은 긴장하기 때문이 아닙니다. 그럼 진짜 원인은 무엇일까요?

바로 솟아오르는 '감정'과 '생각'이 일치하지 않기 때문입니다. 사실은 긴장하고 있는데도 애써 자신은 긴장하지 않았다고 생각하는 것, 억지로 플러스 감정으로 바꾸려고 하거나 마이너스 감정을 억누르려고 하는 것이 실력을 제대로 발휘하지 못하게 하는 주요 이유입니다.

누가 봐도 분명히 긴장하고 있는 아이에게 "진정해!", "평소처럼 생각해!"라고 격려하는 부모님들이 많습니다. 하지만 이는 오히려 역효과를 불러옵니다. 감정을 눌러 없애라는 말과 똑같기 때문이지요.

마찬가지로 "괜찮아. 전혀 긴장하지 않았어"라고 암시를 거는 것 또한 피하는 것이 좋습니다. 애초에 컨트롤할 수 없는 감정을 억지로 부정하려고 하면, 실전에서는 생각이 대부분 그쪽으로 쏠릴 수도 있습니다.

'정신력이 강하다'고 자각하는 사람이라면 "내가 부정적인 감정을 느낄 리 없어!"라고 애써 생각하려 하고, 반대로 '나는 정신력이 약하다'고 생각하는 사람은 마이너스 감정에 사로잡히는 것이 두려워 어떻게든 그것을 모른 척하려 합니다. 어느 쪽이든 '신경 안 써, 신경 안 쓸 거야!'라고 생각하면 할수록 '너무 신경이 쓰여 어쩔 줄 모르는' 상태에 빠져버리기 쉽습니다. 이런 생각은 감정을 부정하기 위한 것이지, 실력을 발휘하는 데 도움을 주는 것은 아닙니다.

중요한 것은 오히려 감정을 솔직하게 '의식'하는 것이지요. 비록 '무섭고, 두근거리고, 도망쳐버리고 싶은' 마이너스 감정을 느낀다 하더라도 그것을 솔직하게 받아들이고 무시하거나 부정하지 않는 것. 긴장을 느낄 때 '나는 긴장하고 있다'라고 있는 그대로 받아들이는 것. 이것이야말로 실전에서 실력을 제대로 발휘하기 위해 필요한 첫걸음입니다.

감정을 알아야
멘탈도 강해진다

실전에서 진짜 실력을 발휘하기 위해 필요한 것은 샘솟는 감정에 솔직하게 맞서는 것입니다. 그래서 지금부터는 '행동'을 '감정'에서 분리하는 방법을 이야기하려고 합니다. 구체적인 방법은 차근차근 이야기하겠지만, 먼저 기본이 되는 다음 내용을 기억해주세요.

솟아오르는 감정을 솔직하게 받아들이기 위해서는, 실전에서 그 감정이 어떤 것인지 스스로 느낄 필요가 있습니다. 먼저 대화를 통해 아이가 자신의 솔직한 감정을 표현할 수 있도록 해주세요. 예를 들어 연습 때는 잘하는데 시합에서는 좀처럼 실력을 발휘하지 못하는 아이라면 이렇게 대화를 시작합니다.

"요전번 시합 때는 어떤 기분이었어?"

"가슴이 계속 두근두근 뛰었어요."

"그렇구나. 두근두근 뛰었구나!"

이렇게 아이가 한 표현과 같은 말로 공감해주는 것이 중요합니다. 여기서 자칫 하기 쉬운 실수는, 아이가 '두근두근 뛰었다'라고 말했는데 그것을 "긴장했구나!"처럼 부모가 다른 말로 바꿔서 말하는 것입니다.

'두근두근 뛰었다'와 '긴장했다'는 뉘앙스가 미묘하게 다릅니다. 감정을 진정으로 이해하기 위해서는 아이가 말한 단어를 바탕으로 대화를 이끌어가는 것이 중요합니다. 다만 같은 단어라도 아이가 그것을 나쁜 뜻으로 받아들이는 듯한 뉘앙스를 보인다면 평범한 표현으로 바꿔주는 것이 좋습니다.

이처럼 "두근두근 뛰었어"라는 말에는 "그래, 두근두근 뛰었구나"라고 공감해주면서, "○○이한테 두근두근 뛰는 건 어떤 느낌이야?"라든지 "주로 무엇을 할 때 두근두근 뛰어?"라는 식으로 아이가 그때 느끼는 감정을 조금씩 파고들어봅니다.

아이가 왜 그런 느낌을 받았는지 원인을 파고드는 훈련입니다. 예를 들어

아이　학교에서 제 의견을 발표해야 해서 긴장됐어요.

부모　왜 긴장했을까?

아이　많은 사람들 앞에서 말해야 하니까요.

부모　많은 사람들 앞에서 이야기를 하면 왜 긴장되니?

아이　그야 제가 틀린 이야기를 할지도 모르니까요.

부모　틀린 이야기를 할지도 모른다고 생각하면 왜 긴장이 될까?

아이　사람들 앞에서 틀리면 부끄럽잖아요.

이처럼 한 가지 사건과 그때 아이가 느낀 감정에 관해 "왜?"라는 질문을 세 번 반복합니다. 질문하고 대답하는 과정을 통해 아이는 자신이 그런 감정을 느낀 이유를 깨닫게 되지요.

위 대답의 경우 '부끄럽다'는 감정이 긴장을 유발하는 계기임을 알 수 있어요. 자신이 긴장하는 이유를 아는 것은, 앞으

로 같은 상황에 처했을 때 어떻게 행동해야 할지 알려주는 길잡이가 됩니다.

감정에는
좋고 나쁨이 없어요

아이의 진짜 감정을 끌어내기 위해서는 부모도 편견을 버려야 합니다. "그건 어떤 느낌이니?"라고 열린 마음으로 물어보는 자세가 중요하지요. "이런 거 말이지?"라거나 "상대가 강해 보여서 두근두근거렸던 거지?"처럼 내용이나 이유를 판단하는 듯한 질문은 좋지 않습니다.

또 '예/아니요'로만 답할 수 있는 '닫힌 질문'도 진짜 감정을 이끌어내기 어렵습니다. 이보다는 아이 스스로 단어를 골라 대답할 수 있는 '열린 질문'을 하는 것이 좋습니다.

상담을 하다 보면 아버지와 어머니가 아이의 기분을 마음대로 대변하는 경우를 의외로 많이 봅니다. 조금만 말이 막혀도 "~를 말하는 거지?"라며 부모가 대신 이야기하는 거지요. 그러면 아이도 "네"라는 간단한 대답으로 끝내버립니다. 이래서는 아이가 자신의 솔직한 감정을 발견할 수 없습니다.

마이너스 감정은 아이에게도 인정하고 싶지 않은 감정입니다. 그래서 아예 거기에 뚜껑을 덮어버리려는 아이도 있지요. 하지만 자신의 감정을 못 본 척한다면, 실전에서 실력을 발휘하지 못하는 자신을 바꿀 수 없을 겁니다.

'감정에는 좋고 나쁨이 없다'는 전제를 부모가 충분히 이해하고 아이의 감정에 공감해주면, 아이는 안심하고 자신의 감정을 토해낼 수 있습니다.

 사례 약한 상대를 만날 때마다
본래 실력이 나오지 않아요

초등학교 6학년인 A군은 테니스 선수입니다. 일주일에 6일을 연습에 할애하는 꽤 실력 있는 선수로, 전국 대회에 단골로 출전하고 있지요.

그러나 중요한 시합에서 실력을 제대로 발휘하지 못하고 기대보다 낮은 성적에 그치는 패턴을 반복하고 있었습니다. 그것도 실력이 좋은 선수에게 지는 게 아니라, 객관적인 실력으로 볼 때 분명히 A군보다 못한 선수와 시합할수록 실력을 발휘하지 못하고 있었지요.

부모님 말을 들어보니, A군이 자기보다 약하다고 느끼는 선수와 시합할 때는 항상 짜증스러워 보인다고 했습니다. '짜증 내지 말고 경기에 임할 수 있었으면 좋겠다'는 것이 저를 찾아온 부모님의 희망 사항이었지요.

A군을 만난 자리에서 저는 이렇게 물었습니다.

"왜 약한 선수와 시합할 때 짜증이 날까?"

"상대가 저보다 약한데도 생각한 만큼 제 실력이 안 나오니까 짜증이 나요."

A군의 말을 들으니 짜증이 나서 실력이 나오지 않는 것이 아니라, 실력이 발휘되지 않으니까 짜증이 난다는 편이 맞는 듯했습니다.

자신보다 약해 보이는 선수를 상대할 때 실력이 나

오지 않는 이유는 무엇일까요? 당시 A군은 시합할 때마다 '이런 상대에게 질 리 없어. 무슨 일이 있어도 이겨야 해!'라는 커다란 압박과 긴장을 느꼈습니다.

사실 전국 대회에 출전한 선수라면 아무리 약한 상대라고 해도 나름 실력 있는 선수인 것은 분명합니다. 비록 A군의 실력이 한 수 위라고 해도, 실전에서 실력만큼 능력을 발휘하지 못한다면 이길 수 없는 것이 당연합니다.

하지만 A군의 부모님과 코치는 평소 더 강한 상대에게도 과감히 맞서온 A군이 설마 쉽게 이길 것 같은 상대에게 긴장을 느끼리라고는 생각도 못한 채, "맘을 편히 가져!", "평상심을 유지해!"라는 응원만 건네고 있었습니다.

무엇보다 A군 자신이 '내가 약한 상대에게 긴장할 리 없어', 즉 '긴장해서는 안 돼'라는 생각에 사로잡혀 솔직한 감정을 억눌렀던 겁니다. 그야말로 '생각'으로 '감정'을 부정하고 있었던 것이지요.

저는 A군에게 이렇게 말했습니다.

"긴장이라는 감정은 결코 나쁜 것이 아니란다. 그리

고 네 힘으로 그것을 없애는 건 무척 힘든 일이야. 그러니 그 감정을 인정하고 받아들이는 편이 좋을 거야."

이야기를 계속 듣다 보니 A군에게는 긴장했지만 제 실력을 제대로 발휘한 '성공 체험'이 많았습니다. 그러나 그것은 대부분 자신보다 강한 상대와 시합을 한 경우였어요. 상대가 강한 선수라면 긴장한 자신의 모습을 솔직하게 받아들이고 "상대가 나보다 강하니까 긴장하는 건 어쩔 수 없지. 최선을 다해야지!"라며 각오를 다졌기 때문입니다. 잃을 것이 아무것도 없다고 생각하니 부담 없이 밀어붙일 수 있었고, 그것이 좋은 결과로 이어졌습니다.

그래서 "다음 대회에서는 너보다 약한 상대와 싸울 때도 강한 상대와 시합할 때처럼, 우선 긴장하고 있다는 감정을 솔직히 인정해보렴" 하고 조언했습니다.

그러자 A군은 놀라운 변화를 보여주었습니다. 그 대회에서 자기보다 강한 상대는 물론, 약한 상대도 모두 이기고 결국 우승까지 거머쥔 겁니다. 본래 실력을 제대로 발휘한 덕에 전국 1위에 오른 것이지요.

A군은 시합 직전 한 달간 긴장에 익숙해지는 훈련을 받았습니다. 하지만 고질적인 문제를 극복하고 승리를 얻은 가장 큰 요인은, 무엇보다 약한 상대와 시합할 때도 자신이 느끼는 진짜 감정을 솔직하게 받아들였다는 점입니다.

A군은 후에 말하길, 그 감정을 억지로 없애려 하지 않고 인정하니 이 상황에서 어떻게 싸워야 할지, 어떤 식으로 이겨야 할지 오히려 냉정하게 생각할 수 있었다고 했습니다. 과거의 경험과 트레이닝을 통해 긴장했지만 충분히 싸울 수 있다는 자신감을 가진 덕분입니다. 긴장을 제대로 맛보았기 때문에 오히려 평소 실력을 발휘할 수 있었던 것이지요.

그 후 A군은 상대 선수의 레벨에 상관없이 시합 전에 "아, 긴장된다!"라고 솔직하게 말할 수 있게 되었습니다. 감정을 받아들이고는 경험을 쌓아가는 사이에 '긴장하더라도 난 할 수 있어!'라는 자신감도 커졌지요. 덕분에 어떤 시합에서든 항상 자신의 평소 실력을 발휘하는 선수로 성장하고 있습니다.

우리 아이,
감정을 가두고 있진 않은가요?

일상생활을 하면서 감정에 의식을 집중하는 일은 별로 없습니다. 특히 감정을 겉으로 드러내는 경우가 좀처럼 없다면, 감정을 느끼기에 앞서 '생각을 하는' 습관이 몸에 배어 있을 수 있습니다. 솟아나는 감정을 가둬버릴 수도 있다는 말이지요.

　예를 들어 어떤 일로 짜증이 났을 때, '이런 사소한 일 때문에 짜증을 내는 것은 어른스럽지 못하다'라는 생각이 무의식적으로 먼저 작동해, 실제로 느끼는 감정을 지워버리는 식입니다.

그러나 감정과 생각은 별개가 아닙니다. 그러니 감정에 결코 뚜껑을 덮지 않는 것이 중요하지요. '어차피 지워버릴 것'이라는 잠재의식이 작동해서 감정을 깨닫지 못하는 일도 빈번하기 때문에, 먼저 자신의 감정을 파악하는 트레이닝이 필요합니다.

예전에 저는 아이들은 감정에 대한 선입견이나 경험이 적은 만큼 어른보다 솔직하게 자신의 감정을 들여다볼 수 있을 것이라고 생각했습니다. 그러나 여러 아이들을 상담해본 결과, 아이들 역시 생각으로 감정을 덮어버리는 경우가 무척 많았습니다. 어른들의 말과 행동을 통해 '마이너스 감정이란 느끼면 안 되는 것' 혹은 '나쁜 것'이라는 이미지가 각인되어, 감정을 가두는 버릇이 일찌감치 들어버린 탓이라고 생각합니다. 또는 스스로 '싫다', '무섭다', '귀찮다' 등 마이너스 감정을 나쁜 것으로 단정 짓고 굳이 없애버리려는 버릇이 들었을 수도 있습니다.

특히 부모의 안색을 살피며 이야기하는 아이일수록 그런 경향이 강합니다. 비록 감정을 덮는 일이 없다고 해도, 아이가 자신의 감정을 냉정하게 이해하는 것은 절대 간단한 일이 아니지요. 그렇기 때문에 아이들에게도 자신의 감정을 깨닫도록 하는 트레이닝이 필요합니다.

아이와 함께 하는 '감정 맞히기' 퀴즈

부모와 아이가 서로 지금 느끼고 있는 감정을 맞혀보는 게임입니다. 먼저 서로에게 보이지 않도록 최근에 있었던 일과 그 일로 느낀 감정을 세 가지씩 종이에 적어보세요.

(예시)

부모

① 있었던 일 : 지하철을 탔는데 사람이 너무 많아서 자리에
앉지 못했다.
⇨ 감정 : 지친다

② 있었던 일 : 계속 찾고 있던 책을 드디어 구했다.
⇨ 감정 : 기쁘다

③ 있었던 일 : 오랜만에 친구와 만나 점심을 먹었다.
⇨ 감정 : 즐겁다

아이

① 있었던 일 : 나는 잘못이 없는데 선생님께 꾸중을 들었다.

⇨ 감정 : 화난다

② 있었던 일 : 수업 중에 손을 들었더니 선생님이 나를 가리
키셨다.

⇨ 감정 : 떨린다

③ 있었던 일 : 학교에서 돌아오는 길에 커다란 개가 나를 보
고 짖었다.

⇨ 감정 : 무섭다

다음으로 누가 먼저 문제를 낼지 순서를 정합니다. 문제를
내는 사람이 경험한 일을 말하면, 답하는 사람은 상대가 느
꼈을 법한 감정을 맞힙니다. 문제를 내는 사람에게 질문을
해도 좋지만, 문제를 내는 사람은 직접 그 감정을 표현하는
단어를 사용할 수 없어요.

이때 종이에 적은 그대로 답해야 정답으로 인정됩니다. 만
약 '지친다'의 경우 '힘들다', '괴롭다'는 정답이 아니에요. 정
답을 맞히면 다음 문제로 넘어갑니다. 3분 이내에 세 가지
질문을 모두 맞히면 역할을 바꿉니다.

이것은 아이가 여러 가지 감정에 대해 어떤 인상을 가지고 있는지 파악하는 훈련입니다.

아이로 하여금 다양한 감정을 종이에 적어보고 자기가 싫어하는 것에는 ×, 싫어하지 않는 것에는 ○를 표시하게 해보세요.

(예시)

긴장 : ×

기쁘다 : ○

즐겁다 : ○

괴롭다 : ×

이 훈련은 아이가 특정 감정에 관해 갖고 있는 이미지를 이해하기 위해 부모님에게 권하는 것이기도 합니다. 답을 보면서 아이가 어떤 감정을 싫어하리라고 부모님이 일방적으로 생각하던 부분이 있음을 깨달을 수 있을 겁니다.

이때 "이 감정이 싫다니 이상한데"라거나 "이런 감정은 싫어하지 않을 거야" 등 부모님의 가치관을 강요해서는 안 된다는 것을 기억해주세요.

앞의 두 가지 훈련을 해보면 다른 사람이 느끼는 감정을 파악하는 일이 의외로 어렵다는 사실을 알 수 있습니다. 이 책을 읽는 부모님들 역시, 지금까지 아이들이 느끼는 감정을 자신이 얼마나 예단하고 있었는지 되돌아보시기 바랍니다. 이것은 아이가 느끼는 감정과의 괴리를 깨닫는 것뿐 아니라, 아이와 보다 깊은 신뢰 관계를 쌓아가기 위해서도 추천하는 훈련입니다.

우리 아이 감정 바로 알기
① 감정 일기 쓰기

감정을 자각하는 능력을 기르는 데 도움을 주는 방법이 있습니다. 바로 '감정 일기'를 쓰는 것입니다. 아이가 자신의 감정을 노트에 적어보도록 하는 것이지요.

'오늘은 ○○과 말다툼을 해서 짜증이 났다.'
'오늘 급식 메뉴가 카레라서 기분이 좋았다.'
'체육 시간에 달리기를 했는데 △△에게 져서 분했다.'
'국어 시간에 선생님이 갑자기 내 이름을 부르서서 깜짝 놀

랐다.'

일기를 쓸 때 감정을 표현하는 단어를 10개 이상 사용하는 것이 가장 이상적입니다. 그러나 처음에는 이보다 적어도 괜찮습니다. 아이가 감정을 말로 표현하는 것을 어려워한다면, 다양한 예시를 보여주어 보다 쉽게 접근할 수 있도록 도와주는 것이 좋습니다. 다음 페이지에 나오는 감정 일람표를 참고해보세요.

이렇게 작성한 감정 일기를 읽어보면 어떨 때 짜증을 내거나 놀라는지 등 아이의 감정 경향이 보입니다. 부모님조차 모르던, 아이에게 잠재된 의외의 면을 알게 될 가능성도 있어요.

물론 아이가 '짜증 난다', '열받는다' 같은 마이너스 감정을 적었다고 해서 그것을 부정해서는 결코 안 됩니다. 되풀이해서 말하지만 감정은 마음먹은 대로 조절할 수 있는 것이 아니기 때문에, 그 감정 자체를 부모님이 '좋다/나쁘다'로 평가해서는 안 됩니다.

감정 일기를 꾸준히 쓰다 보면, 아이가 어떤 일이 일어난 직후에 어떤 감정을 품었는지 알 수 있습니다. 이 과정이 계속되면 '지금 내가 이렇게 느끼고 있구나' 하고 감정을 현재진행형

감정 일람표

안심하다	두근두근하다	짜증 나다
들뜨다	기쁘다	초조하다
즐겁다	슬프다	곤란하다
안도하다	분하다	기분 나쁘다
기분 좋다	소름 끼치다	경악하다
긴장하다	깜짝 놀라다	열받다
골치 아프다	무섭다	쫄다
공포를 느끼다	고통스럽다	재미있다
싫다	좋다	행복하다
부끄럽다	감동하다	괴롭다
시무룩하다	자랑스럽다	찡하다
충격받다	오싹하다	마음이 식다
울렁거리다	흥분하다	실망하다
안절부절못하다	후련하다	예쁘다
맛있다	맛없다	귀엽다
피곤하다	더럽다	조마조마하다
부럽다	그립다	시원하다
기대되다	상쾌하다	질리다
불안하다	걱정되다	신나다

으로 깨달을 수 있습니다. 이처럼 아이가 자신의 감정을 자각하고 들여다보는 능력이야말로 실전에 강해지기 위한 커다란 힘이 된다는 것을 기억해주세요.

긍정적인 생각이
오히려 실전을 망친다?

　"성공했을 때의 이미지를 떠올리며 실전에 임하면 실력을
제대로 발휘할 수 있다."

　이런 생각을 갖고 계신 분들이 많을 겁니다. 과연 이런 자
세가 실전에 강해지는 데 도움을 줄까요?

　축구 시합을 예로 들어보겠습니다.

　"무슨 일이 있어도 선취점을 따낼 거야! 그러면 기분이 고
조될 테니 그 기세로 밀고 나가면 반드시 이길 수 있겠지? 좋
았어, 이거다!"

이처럼 긍정적인 생각을 갖고 시합을 시작한다고 가정해보 겠습니다. 물론 생각한 대로 선취점을 따낸다면 이길 가능성 이 높아지겠지요. 하지만 만약 반대로 선취점을 빼앗긴다면 어떻게 될까요? 선취점을 따낸다는 상황만 그린다면, 반대로 점수를 빼앗기는 상황은 '예상치 못한 일'이 되어버립니다. 예 상 밖의 일이 벌어졌을 때 제대로 대응할 수 있는 사람은 그리 많지 않습니다.

테이블 위에 놓인 컵이 1분 후에 엎어질 것을 미리 알 수 있 다면 가까이에 있는 중요한 서류를 치우겠지요. 하지만 전혀 예상하지 못했다면 그런 일이 벌어졌을 때 크게 당황하는 것 이 당연합니다. 부모님들은 현실이 언제나 뜻대로 흘러가지만 은 않는다는 사실을 잘 알고 있을 겁니다. 모든 일이 내가 그 린 이미지대로만 일어날 만큼 현실은 녹록지 않으니까요.

아무리 선취점을 따기 위해 최선을 다해 돌진한다 해도, 예상치 못한 실수를 저지를 수 있습니다. 또는 시합이 시작 되자마자 같은 팀 에이스 스트라이커가 부상을 입을 수도 있 겠지요. 상대 팀 역시 이기기 위해 필사적으로 싸울 것이므 로, 냉정하게 말하면 선취점을 따낼 가능성은 100%가 될 수 없습니다.

이처럼 긍정적인 이미지만 그리며 시합에 임한다면 예상 밖의 상황이 벌어졌을 때 밀려오는 당혹감과 초조함을 어떻게든 없애버리려고 할 것입니다. 이럴 때 주변에서 "진정해!", "마음을 가라앉혀봐"라고만 하면 당사자는 감정을 억누르는데 더욱 집중할 가능성이 높습니다. 이런 상태에서 실력이 제대로 발휘될 리 없겠지요.

그렇다면 이럴 때는 어떻게 하면 좋을까요? 예상치 못한 사태를 만들지 않으면 됩니다. 일이 잘 풀리지 않는 상황을 생각해두는 겁니다.

"선취점을 따내면 기분이 날아오를 것 같겠지만, 만약 상대에게 선취점을 빼앗긴다면 어떨까?"

이렇게 스스로에게 말을 걸며 원하지 않는 상황에 맞닥뜨렸을 때 어떤 감정을 느낄지 생각하는 것입니다. 이렇게 하면 예상치 못한 상황은 '예상된' 일이 되므로, 그 경우에 느끼는 감정을 분명히 깨달아 부정하지 않고 받아들일 수 있습니다. 실력을 발휘하기 위해서 꼭 필요한 '감정을 솔직하게 받아들이는' 단계를 무난히 통과하는 것입니다.

나쁜 일이나 싫은 일이 일어나지 않기를 바라는 것은 누구나 마찬가지일 겁니다. 그런 만큼 부정적인 일을 각오해두는 것은 확실히 용기가 필요한 일이지요. 부정적인 생각을 하면 그 일이 실제로 일어날지도 모른다며 꺼리는 사람도 있을 겁니다. 하지만 예상치 못한 사태를 생각해두지 않는 것이야말로 실전에서 실패를 부를 가능성을 훨씬 높인다는 사실을 알아두어야 합니다.

우리 아이 감정 바로 알기
② 감정 떠올리기

긍정적인 생각을 하는 것 자체는 나쁘지 않습니다. 예상 가능한 범위 안에서 최선의 패턴으로 긍정적인 이미지를 상상하고, 그것이 실현된다면 그대로 행동하면 됩니다. 하지만 긍정적인 생각만으로 실전을 준비하기에는 리스크가 너무나 큽니다.

어떤 상황이든 좋은 결과를 얻고 실력을 발휘하고 싶다면, 긍정적인 것과 부정적인 것을 함께 생각해야 합니다. 무엇보다 예측하지 못한 일이 발생하지 않도록 해야 하고요. 이 말은 구체적인 상황을 전부 예측하라는 뜻이 아닙니다. 예측해야 할 것은 실제 그 일이 벌어졌을 때 내가 느낄 법한 '감정'입니다.

그러므로 부모는 감정 일기 등을 통해 아이가 어떤 상황에서 어떤 감정을 갖기 쉬운지 파악하고, 평소 아이와 많은 내화를 나눌 필요가 있습니다. 예상할 수 있다면 사전에 대처법을 생각해둘 수 있기 때문이지요.

예를 들어 '당황스럽다', '초조하다' 등의 감정을 예상할 수 있다면 "당황하거나 초조해져도 반드시 할 수 있는 게 뭘까?"라는 질문을 아이에게 던져보세요. "팀원들끼리 패스를 할 수는 있어요", "크게 함성을 지르는 거라면 할 수 있어요"라는 식의 대답이 돌아오면 "그럼 ~~한 상황이 있으면 그렇게 해보자"라고 미리 정해두세요. 그러면 아이는 자신이 어떤 감정을 느낀다는 것을 깨달았을 때 약속한 대로 할 수 있습니다. 당황하고 초조해도 자신이 할 수 있는 것을 하려고 노력할 거예요. 이것이 바로 '감정'과 '행동'을 분리하는 것입니다.

이는 기분을 침착하게 가라앉히기 위한 행동이 아닙니다. 결과적으로 그렇게 될 수는 있지만 그것이 목적은 아니에요. 중요한 것은 당황해도 패스는 침착하게 수 있다거나, 초조하지만 기합을 넣어 소리를 지를 수 있다는 것을 직접 느끼는 것입니다. 그 상황에서 느끼는 '성취감'을 얻는 것이 중요하다는 뜻이지요. 실전에서 성취감을 많이 맛보면 기분이 고조되면서 제대로 실력을 발휘할 수 있습니다.

또 '부정적인 감정을 가지고도 해냈다!'라는 경험을 쌓아간다면 '마이너스 감정=실패=나쁜 것'이라는 선입견도 차츰 없앨 수 있습니다. 그러면 마이너스 감정을 느꼈을 때 '이제 틀렸어'라는 생각에서 벗어나 '괜찮아, 그래도 할 수 있어!'라고 마음을 다잡을 수 있지요. 비록 시합에서 지거나 목표한 바를 이루지 못하더라도 아이는 자신감을 키울 수 있습니다.

다양한 감정에 대한 나쁜 이미지가 사라진다면 어떤 상황에서든, 어떤 감정을 느끼든 자신의 진짜 실력을 드러낼 수 있습니다. 이것이 바로 '실전에 강한 아이'가 된다는 뜻입니다.

 잘 풀리지 않으면
바로 포기해버려요

초등학교 6학년인 B군은 지역 축구 클럽에서 활동하고

46

있습니다. 포지션은 포워드이고 출전 명단에서 빠진 적이 없습니다. 시합에서는 적극적으로 슛을 넣어 승리에 기여하고, 다른 선수들과도 잘 어울리는 팀의 중심적인 존재라고 했습니다.

그런데 B군에게는 약점이 하나 있었어요. 자기 팀이 우위를 점하고 있는 동안에는 열심히 뛰어다니다가도, 시합이 열세로 접어들면 바로 포기해버리는 것이었습니다. 때로는 누가 봐도 알 정도로 부루퉁해져서 같은 팀 선수에게 욕을 한다고도 했습니다.

게다가 에이스인 B군이 이런 태도를 보이면 선수들의 사기에 안 좋은 영향을 미치곤 했습니다. 결국 경기 흐름을 뒤집는 것은 불가능에 가까워져 실력 차가 별로 나지 않는 팀에게 대패하는 패턴이 반복되고 있었지요. 최근 경기에서도 0:5라는 큰 점수 차이로 졌다고 말했습니다.

B군은 경기가 끝나고 냉정해지면 "좀 더 분발했으면 좋았을 텐데 왜 포기했을까. 내가 왜 우리 팀 선수한테 그렇게 심한 말을 했지?"라며 매번 크게 반성하곤 했습니다. 하지만 다음 시합에서 열세가 되면 역시 똑같은

일을 반복했습니다.

B군은 경기 결과보다는 어떤 상황에서든 마지막까지 포기하지 않고 싸울 수 있으면 좋겠다며 아버지와 함께 저를 찾아왔습니다. 시합 중 나쁜 패턴으로 빠져들 때 느끼는 기분에 대해 물어보니 B군은 이렇게 답했습니다.

"강한 상대가 볼을 지배해버리면 저한테는 좀처럼 볼이 돌아오질 않으니까 슛을 날릴 찬스가 없잖아요. 이래서는 이길 수 없겠다는 생각이 들어요. 그러면 우리 팀한테도, 상대 팀한테도 짜증이 치밀면서 점점 평상시의 제 자신이 아닌 것처럼 느껴지고요. 질 것 같다는 생각이 들면 시합하기가 싫어져요."

사실 B군에게는 경기 전날 '내일은 이런 식으로 플레이해야지' 하며 아버지와 함께 이미지 트레이닝을 하는 습관이 있었습니다. 그럴 때 항상 떠올리는 이미지는 완벽한 자신의 모습이었지요. 절묘한 패스를 받아 화려한 드리블로 상대 선수들을 제치고 기가 막힌 타이밍에 슛을 쏴서 골인!

축구 선수였던 아버지 역시 좋은 이미지를 그리며 경기에 임해야 활약할 수 있다고 믿었기 때문에, 긍정적인 생각을 하는 것이 도움이 된다고 생각했습니다. 실제로 초반부터 우위를 점하는 경기에서는 아버지와 함께 한 이미지 트레이닝이 빛을 발했습니다. B군은 차례차례 득점을 할 수 있었지요. 그런 체험으로 이어질 때는 이미지 트레이닝의 중요성을 실감할 수 있었다고 말했습니다.

하지만 문제는 상대가 강해서 자기 팀이 밀리고 있는 때였지요. 패스를 받고 싶어도 볼이 오지 않고, 겨우 볼을 받았는데 상대가 너무 빨리 돌진해 볼을 채가는 경우였습니다.

이미지 트레이닝에서 그린 자신의 모습과 실제 모습 사이의 커다란 차이를 느끼면서 시합을 계속하는 것은 무척 괴로운 일이지요. 이런 상황에 처해 있는 동안 그런 자신이 한심하게 느껴지고, 이래서는 이길 수 없다는 좌절감만 커져갈 가능성이 높아요. B군이 전의를 상실하고 포기하고 싶어지는 것도 무리는 아닙니다.

B군은 경기 당일 맞붙는 상대가 강한 팀이라는 것을 알고 나면, '또 같은 일이 되풀이될지도 몰라. 내가 생각한 대로 플레이할 수 없을지도 몰라'라는 불안을 느꼈

던 듯합니다. 하지만 '약한 마음을 먹으면 안 돼. 좋은 이미지를 떠올리자'라고 생각을 바꿔, 불안한 감정은 그대로 방치한 채 완벽한 자신의 모습만 머릿속으로 그리며 최선을 다해온 것이었지요.

저는 B군의 이미지 트레이닝 방법을 바꿔보기로 했습니다.

"긍정적인 네 모습만 떠올리지 말고 다른 것을 해보자. 일어나지 않았으면 하는 상황을 떠올려보겠니?"

그러자 B군이 '슛을 하나도 쏘지 못한다', '볼이 전혀 오지 않는다', '볼을 가져도 금방 상대에게 빼앗긴다' 등을 말했습니다.

"그럼 이런 상황이 벌어졌을 때 네가 느끼는 감정을 이미지로 떠올려볼래?"

이미 경험한 적이 있어서 그런지, B군은 이럴 때 느끼는 감정을 비교적 금방 떠올렸습니다.

"이제 안 돼, 포기하고 싶다, 이런 생각이 들어요. 그리고 굉장히 짜증이 났던 것 같아요."

마지막으로 이런 감정이 느껴질 때 실천할 수 있는 행동을 함께 생각했습니다.

"포기하고 싶거나 짜증이 났을 때도 네가 확실하게 할 수 있는 일이 뭐가 있을까?"

이 질문에 B군은 한참 생각하다가 답했습니다.

"어쨌든 상대 선수를 막는 것은 할 수 있겠죠. 점수를 따는 건 어려울지도 모르지만, 점수를 빼앗기지 않는 데 집중하는 거라면 할 수 있을 것 같아요."

다음 시합 상대는 지난번에 0:5로 진 팀이었습니다. B군에게는 전날 밤 그 경기에서 일어날 수 있는 좋은 상황과 나쁜 상황을 모두 이미지로 떠올리고, 그때 느낄 만한 감정을 미리 느껴보라고 했지요.

안타깝게도 시합에서 B군의 팀은 또다시 지고 말았습니다. 하지만 한 가지 변화가 생겼다면, B군이 도중에 포기하지 않고 마지막까지 전력을 다해 뛰었다는 거였지요.

"상대가 강해서 볼 근처에 가지도 못했거든요. 안 되겠다, 이대로는 지겠다는 기분이 들었어요. 하지만 전날 미리 느껴본 기분이니까, 아 역시 이 기분이 찾아왔구나! 하고 생각했죠.(웃음) 그래서 작전대로 상대 선수를 막는 데 집중하기로 했어요. 덕분에 시합에는 졌지만 수비는 잘했어요. 점수 차이가 크게 난 것도 아니라 다음 시합에서는 분명 이길 것 같은 기분이 들어요!"

두 번째 경기의 결과는 1:2였습니다. 마지막까지 포기하지 않고 싸웠기 때문에 지난번에 비해 훨씬 적은 점수 차로 진 것입니다. 게다가 그 1점은 시합 종반에 B군이 반격해 얻은 점수였습니다. 무엇보다 큰 수확은 '이제 안 돼'라는 마이너스 감정을 느끼고도 '수비에 집중했다=해야 할 일을 했다'는 자신감을 획득한 것이었지요.

이런 자신감이 계속 쌓여간다면, B군은 아무리 강한 상대랑 시합한다 하더라도 마지막까지 포기하지 않고 경기에 임할 수 있을 것입니다. 포기하지 않는다면 실력을 발휘할 수 있으니까요. 게다가 에이스인 B군이 어떤 상황에서든 본래 실력으로 싸울 수 있다면, 팀이 이기는 시합도 늘어나겠지요.

우리 아이 감정 바로 알기
③ 멘탈 시트 활용하기

지금까지 이야기한 대로 플러스 감정은 좋은 것, 마이너스 감정은 나쁜 것이 결코 아닙니다. 이런 사실을 깨닫지 못하면 자기 감정을 솔직하게 받아들일 수 없어요. 또 플러스 감정만 느낀다고 반드시 실전에 강한 것도 아니고, 마이너스 감정을 느낀다고 실력을 발휘하지 못하는 것도 아닙니다.

아이들 중에는 차분할 때 제 실력이 나오지 않고, 오히려 초조할 때 더 멋지게 활약하는 아이도 있습니다. 저와 훈련한 선수 가운데도 조금은 약한 모습으로 시합을 시작해 처음부터 마구잡이로 돌진하지 않는 편이 좋은 결과를 가져온다는 펜싱 선수, 의욕이 가득한 채 시합을 시작하면 그 순간 꼭 실수를 한다는 피겨스케이팅 선수가 있습니다. 이처럼 감정과 활약의 관계에는 아이들 나름의 경향이 있어요. 그것을 파악하는 데 도움이 되는 것이 '멘탈 시트(mental sheet)'입니다.

먼저 시험이나 시합 등 실전에 임하기 전에 아이가 느낀 감정을 멘탈 시트에 미리 적도록 합니다. 실전을 마친 다음에는 그날 무엇을 할 수 있었고, 무엇을 못했는지 적어둡니다. 다시 한번 실전에서는 어떤 상황에서 어떤 감정을 느꼈는지 돌아보는 것입니다.

이 시트를 계속 적어나가다 보면, 아이가 특정 감정을 느꼈을 때 무엇을 할 수 있고 무엇을 할 수 없었는지 감정과 활약의 관계를 알 수 있습니다. 그러면 감정을 '예습'할 때 '작전'을 세우기가 쉬워지지요.

앞서 예로 든 B군처럼 '초조할 때도 수비는 할 수 있다'는 사실을 알면, 초조함을 느꼈을 때는 수비에 최선을 다한다는 계획을 세울 수 있습니다. 그것은 원래 쉽게 할 수 있는 것이었으니 '해냈다!'는 감정을 느끼기도 쉽습니다.

짜증이 났을 때 경기 중 말이 나오지 않는 경향이 있다고 예를 들어볼까요? 짜증을 느꼈을 때 '분명 지금 내가 짜증이 난 거지? 어디 한번 일부러 목소리를 내보자'라는 작전을 세울 수도 있습니다. 단 한마디라도 좋으니 목소리를 내는 행동을 직접 해보는 겁니다.

아이는 이런 간단한 행동으로도 '성취감'을 얻을 수 있습니다. 자신이 할 수 없었던 것을 해냈다는 점에서 그 성취감은 아이에게 무척 크게 다가올 겁니다.

이처럼 평소에 멘탈 시트를 활용한다면, 감정과 활약의 관계를 머릿속에 그리고 다양한 상황에 대처할 수 있어요. 감정 일기와 마찬가지로 감정에 집중하도록 도와주기 때문에, 아이가 자신의 감정을 깨닫는 힘을 기를 수 있습니다.

 사례 긴장을 나쁜 것이라 생각하고 두려워해요

초등학교 5학년인 C양은 어머니의 영향으로 사교댄스를 배우고 있습니다. 주 3회는 연습실에 다니고, 집에서도 매일 연습해 실력이 점점 늘었지요.

그런데 경기에 참가하기만 하면 언제나 1회전에서 떨어지고 말았습니다. 단 한 번밖에 춤을 추지 못하는 것이 아쉬워 대회장 한구석에서 어머니와 한 번 더 춤을 추고 돌아가는 것이 어느새 당연한 일이 되었습니다.

늘 하던 대로만 한다면 3회전, 4회전까지 진출할 만한 실력인데 아무리 해도 실전에서는 원래 실력이 나오지 않았습니다. 대회 전에는 생글생글 웃으며 여유가 가득한 모습이지만, 실전에만 들어가면 평상시에 하지 않는 실수를 연발했지요.

하지만 어머니가 물어보면 "실전에서 긴장하는 건 아니야"라고 대답했습니다. 아무리 노력해도 잘 안 되는 이유를 모르니 대처 방법을 생각할 수도 없었지요. 딸의 평소 실력을 잘 알고 있는 어머니는 계속 안타까워할 뿐이었습니다.

그런 C양이 상담을 하러 온 것은 다음 경기까지 2주가 남은 때였습니다. C양은 처음 보는 제 앞에서도 긴장하는 기색 없이 생글생글 웃었습니다.

"대회까지 2주 남았구나. 어때? 긴장되니?"

"아, 전혀 긴장되지 않아요. 아직 2주나 남았는걸요."

C양은 여전히 태연했습니다. '긴장하지 않았다'고 말하는 아이의 경우 '긴장하는 것은 나쁜 것'이라고 믿는 경우가 종종 있습니다. 그래서 저는 이렇게 말했지요.

"네가 긴장하는 건 당연한 거야. 실력이 뛰어난 선수들도 모두 긴장하거든. 긴장하는 것은 결코 나쁜 것이 아니란다."

그러자 C양은 잠시 생각한 뒤에 조금 부끄러운 듯이 중얼거렸습니다.

"음, 조금은 긴장할지도 모르겠어요."

C양은 결코 거짓말을 한 것이 아닙니다. 긴장하는 것이 나쁜 것이라고 생각했기 때문에 지금까지 자신의 기분을 알면서도 모르는 척했던 것이겠지요. 감정을 보고도 못 본 척하는 것은 감정에 뚜껑을 덮는 것과 똑같은 일입니다. 자신이 느끼는 감정을 인정하지 못하는 것이라고 할 수 있지요. 그래서 C양에게 다음 대회까지 '긴장했다'는 기분을 충분히 느끼면서 연습해보라고 조언했습니다.

그 후에도 C양과 3일에 한 번씩 만났는데, 만날 때마다 "긴장하는 마음이 조금씩 커지고 있어요"라고 대답했습니다. 다만 긴장을 느끼면서도 연습은 잘 되어가고 있다고 했습니다. 실제로 그녀의 표정을 보면 '긴장하지만 할 수 있다'는 자신감이 커지고 있음을 알 수 있었지요.

그런데 시합 전날, 마지막 트레이닝을 하러 온 C양에게 "어때? 긴장되니?" 하고 물었더니 "아, 아무렇지도 않아요!"라는 대답이 돌아왔습니다. 괜찮기는커녕 이건 커다란 문제였지요. 실전이 임박하자 원래대로 자신의 감정에 드르륵 셔터를 내려버린 것이었으니까요.

시합 당일을 대비해서 삽시간에 커진 긴장감이 허용량을 넘었기 때문이었습니다. 중간 정도까지 느낀 긴장감이라면 제대로 깨달을 수 있었을 텐데, 한계를 넘자 '아, 더 이상 보고 싶지 않아!'라는 잠재의식이 발동하면서 반대로 아무것도 느낄 수 없게 된 것이었지요.

지난 2주간 C양은 실전을 떠올리며 '긴장해도 할 수 있어'라는 성공 체험을 계속 쌓아왔습니다. 그러다가 과도한 긴장에서 자신을 보호하는 '무의식적 방어 반응'을 일으키고 말았습니다. '긴장'이라는 감정을 깨닫고 받아들이지 못하는 한, 트레이닝을 한다 해도 성과가

날 리 없었습니다. 저는 C양에게 말했습니다.

"'긴장 따윈 하지 않아. 괜찮아!'라고 생각하면 이번에도 다르지 않을 거야."

C양의 상태를 보건대, 자신의 허용치를 넘어설 정도로 커다란 긴장을 인정하면 '무섭다'는 감정까지 떠올릴 것이 틀림없었습니다. 그러나 무섭다고 그 감정에 뚜껑을 덮으면 본래의 자신을 잃어버리게 됩니다. 분명 그것이 지금까지 C양이 경기에서 좀처럼 실력을 발휘하지 못한 원인이었을 것입니다.

그래서 C양에게는 "엄청 긴장하고 무섭겠지만 그걸 제대로 느끼면서 시합해보자" 하고 말했습니다. 그리고 어머니에게도 경기 직전에 일부러 "긴장되겠네?"라는 식으로 말을 걸어달라고 부탁했지요. 또다시 긴장이라는 감정에 셔터를 내리는 것을 방지하고, 자신의 감정을 제대로 느끼도록 돕기 위함이었습니다.

마침내 대회 당일이 되었습니다. 직전까지 '긴장된다', '무섭다'는 단어를 입에 올리던 C양이 놀랍게도 7회전까지 통과하고 결승에 올랐습니다. 우승까지는 못했지만, 엄청난 발전이었지요.

C양은 한결 후련한 표정이었습니다. '엄청 긴장했지만 그래도 해냈다!'라는 커다란 자신감을 얻었기 때문이었지요. 이것이야말로 또 다른 실전으로 이어질 수 있는 무엇보다도 큰 수확이었습니다.

사실 C양은 원래 긴장해도 잘할 수 있는 아이입니다. 그런데도 지나치게 긴장하다 보니 그것을 자각하지 못했고, 결과적으로 감정을 막아버리는 상황이 반복됐습니다. 즉, 긴장하지 않는데도 실력을 발휘하지 못하는 것이 아니라, '긴장한 것을 깨닫지 못했기 때문에' 실력이 나오지 않았던 것입니다.

이처럼 감정의 크기와 종류에 따라 아이가 스스로 깨닫지 못하는 경우도 있습니다. C양처럼 '너무 긴장한 나머지 긴장했다는 사실을 깨닫지 못하는' 것이지요. 그럴 때는 아버지나 어머니가 "혹시 지금 긴장하고 있니?", "초조하지는 않니?"라는 식으로 말을 걸어주는 것도 필요합니다.

다만 어디까지나 아이 스스로 감정을 제대로 깨닫게 해주기 위한 목적이어야 해요. 언제나 부모가 말을 걸어주는 것이 당연해지면 아이가 감정을 자각하지 못할 수도 있습니다. 그러니 "네가 스스로 깨닫는 것이 중요해"라는 메시지를 건네는 것도 잊지 마세요.

긴장을
즐기는 방법은
따로 있다

감정과 분리된 행동을
시작해요

1장에서 이야기한 것처럼 아이가 실전에 강해지기 위해서 필요한 것은 먼저 자신의 감정을 스스로 깨닫는 것, 그리고 그 감정을 부정하지 않는 것입니다. 그런 다음 필요한 것은 '감정과 분리된' 행동을 하는 것이지요. '긴장했으니 안 한다', '무서우니 안 한다'가 아니라 '긴장했지만 한다', '무섭지만 한다'라는 마음을 먹어야 합니다.

감정과 분리된 행동을 한다는 것은, 그 감정을 그대로 느끼면서 '지금의 내가 확실하게 할 수 있는 것'을 행동으로 옮기는 자세입니다. 그러기 위해 필요한 것이 바로 스스로 설정하는 'OK 라인'입니다. OK 라인이란 '여기까지 할 수 있으면 OK'라고 자신에게 만족할 수 있는 기준입니다.

1장에서 소개한 B군의 사례를 다시 떠올려볼까요? '이제 틀렸어. 또 질 거야'라는 마이너스 감정을 가지고도 B군이 '방어에 집중한다'는 '작전'을 실행한 것을 기억하시나요? 바로 그 작전이 B군의 OK 라인입니다.

B군은 당황하거나 허둥거리는 감정을 인정하고, 그 감정을 끌어안은 채 수비에 힘을 쏟아 자신이 정한 OK 라인을 확실히 달성하는 경험을 했습니다. 덕분에 시합 중 계속 자신에게 OK 사인을 보낼 수 있었지요. 'OK'란 자신이 '할 수 있는 것을 해냈다!'라고 인정하는 단어입니다. 다시 말해 자신을 긍정하는 기준점이라고 할 수 있습니다.

열세를 보이는 시합에서도 '확실히 해내고 있다'는 것을 스스로 느끼면서 B군의 마음속에는 자기긍정감이 싹텄습니다. 그리고 그 덕분에 마지막까지 포기하지 않고 싸울 수 있었지요. 결과적으로는 졌지만, 자기긍정감 속에서 시합을 끝낼 수 있었기에 '다음에는 이길 수 있을지도 몰라'라는 자신감을 갖게 된 것입니다.

긍정적인 이미지만 가지고 시합에 임했던 지난날의 B군은 시합이 열세든 마이너스 감정을 느끼든 어쨌든 최선을 다하려고 기를 썼습니다. 이것은 B군 스스로 매우 높은 OK 라인을 설정해둔 것이라고 할 수 있어요. 플러스 감정이 가득 차 있을 때라면 모를까, 마이너스 감정을 느낄 때 높은 OK 라인을 달성하기란 매우 어렵습니다.

대단히 높은 OK 라인과 현실의 자신이 차이가 난다는 생각을 하면 '나는 이래서 안 돼'라는 자기부정의 감정을 느낄 수 있습니다. 자기부정에 시달려서는 멋지게 활약할 수 없겠지요. 그리고 최종적으로 '역시 안 되네'라는 좌절감만 남게 되므로 마이너스 감정에 대한 불안은 더더욱 커집니다. 따라서 '어떻게 자기긍정감을 가질 것인가'는 실전에서 좋은 결과를 얻기 위한 핵심이라고 할 수 있습니다.

'긴장하는 나'를 위해
'OK 라인'을 세우자

긴장에 익숙해지기 위해서는 어떻게 해야 할까요? 우선 '긴장한다'는 감정을 인정하고 그것을 품은 채로도 확실히 할 수 있는 일을 OK 라인으로 설정합니다. 그것을 달성해 성취감을 맛보고 자기긍정감을 느낄 수 있다면, 실전에서도 자신감을 가지고 제 실력을 발휘할 수 있습니다.

단, 그 전에 필요한 것이 '긴장했지만 해냈다'는 경험입니다. 마이너스 감정과 세트로 이루어진 성공 체험이지요. 분명 아이들은 크고 작음의 차이가 있을 뿐 대부분 이런 경험을 가지고 있습니다.

- · 유치원 학예회에서 긴장했지만 제대로 무대에 올랐다.
- · 초등학교 입학식 날 긴장했지만 선생님께 제대로 인사했다.
- · 수영 진급 테스트에서 긴장했지만 합격했다.
- · 운동회에서 매년 달리기를 할 때마다 긴장했지만 마지막까지 잘 달렸다.

평소 이런 경험을 의식하고 있으면 '긴장=실패'라는 생각에 사로잡히는 일이 없습니다. 하지만 어릴 때부터 긴장은 나쁜 것이라는 생각이 머리에 박혀 있기 때문일까요?

아이들을 포함해 많은 사람들이 '아무리 해도 하지 못했던 일'만 의식합니다. 어떤 일이 자신을 긴장하게 만들 때 그것을 '가능한 일'이 아니라 할 수 없었던 일, 즉 '실패' 쪽으로 연관 짓는 것입니다. 이러면 긴장하는 자신과 마주했을 때 "할 수 있어!"라는 생각이 들지 않습니다. 긴장하는 자신에게 OK 사인을 보낼 수가 없는 것이지요.

이럴 때 중요한 것이 긴장이라는 마이너스 감정과 실패를 분리하는 것입니다. 긴장하고 있어도 해낸 일에 집중하고 성공 체험을 거듭해 자기긍정감을 기르는 것이지요. 이런 트레

이닝을 되풀이하다 보면 '긴장해도 해냈다'는 자신감을 기를
수 있습니다. 진정한 의미에서 긴장에 익숙해지는 것이지요.

 **무슨 일에 대해서든 소극적이고,
긴장하는 순간을 회피하고 있어요**

초등학교 2학년 D군은 어릴 때부터 숫기가 없어서 친
구들과 의사소통을 제대로 하지 못하는 듯 보였습니다.
자신감을 가지지 못하고 어떤 일에든 소극적이었지요.
그 때문에 부모님은 아들이 좀 더 자신감을 가지고 적
극적으로 다양한 일에 도전했으면 하길 바랐습니다.
　처음 만난 자리에서 D군은 목소리도 작고 내내 안절
부절못했습니다. 스스로에게 자신이 없기 때문에 친구
들과 말이 잘 통하지 않는다는 것은, 긴장되는 순간을
회피하고 있다는 뜻이기도 합니다. 따라서 D군에게 필
요한 것은 긴장하는 일의 '경험치'를 높이는 것이라 생
각했습니다.
　먼저 자기소개를 하는 데서부터 트레이닝을 시작했

습니다. 사실 그때 D군에게는 대단히 어려운 도전이었지만, 긴장해도 해낸다는 것을 깨닫게 해주기 위해 감행하기로 한 것이었지요. 이렇게 자기소개로 훈련을 시작할 경우, 트레이너는 아이가 자신의 의사를 표현할 때까지 몇 시간이고 기다립니다. 아이 역시 하기 싫다면 그만둘 수 있습니다. 그러므로 이 트레이닝은 '충격 요법' 같은 것은 아닙니다.

처음 D군이 자기소개를 할 상대는 트레이너였어요. 문을 열고 트레이닝 룸에 들어와 의자 위에 선 채 트레이너 앞에서 1분간 자기소개를 하는 것입니다.

높은 곳에 서면 자신을 보는 사람의 시선을 보다 선명하게 느낄 수 있습니다. 즉, 주목받고 있다는 감각을 강하게 느끼도록 하기 위한 트레이닝의 일환이지요.

D군은 갑자기 크게 긴장하더니 처음 한동안은 문도 열지 못했습니다. 들어와서도 웃으며 얼버무리려 하거나, 간신히 자기소개를 시작하고도 상대의 눈을 피하기만 했어요. 하지만 같은 일을 반복하는 사이에 점점 긴장에 익숙해지더니, 마침내 트레이너의 눈을 똑바로 바라보며 1분간 자기소개를 할 수 있게 되었습니다.

그렇게 트레이너 앞에서만 하다가 자기소개 하는 상대의 수를 늘려가기 시작했습니다. 부모님, 상담실 스태프 한 명, 스태프 두 명, 이런 식으로 인원을 점점 늘려 트레이닝의 강도를 높여갔지요.

물론 그 과정에서 "사람이 늘었지만 제대로 해냈구나!"라는 칭찬을 아끼지 않아 D군이 긴장하고도 해냈을 때 느끼는 성취감을 확실히 맛보게 해주었습니다. 첫날 90분간의 트레이닝을 통해 '긴장하더라도 트레이너와 부모님 앞에서 자기소개를 할 수 있다면 OK'라는 자신만의 OK 라인을 뛰어넘은 D군은 조금씩 자신감을 얻을 수 있었습니다.

그리고 다음 트레이닝을 받는 날까지 풀어야 할 숙제로 삼은 또 다른 OK 라인에 대해 D군과 함께 생각했습니다. 그 시점에 긴장하더라도 자신이 확실하게 할 수 있는 일을 생각하는 것은 초등학교 2학년인 D군에게는 어려운 일이라 조금 다른 방식으로 제안했습니다.

"저녁밥을 먹기 전에 의자 위에 올라가서 그날 있었던 일을 부모님께 발표하는 건 어떨까?"

"네, 그건 할 수 있어요."

D군이 처음과는 확실히 다른 표정을 지었기에 그것을 다음 OK 라인으로 설정했습니다.

이렇게 해서 D군은 다음 트레이닝까지 일주일간 매일 숙제를 하면서 '긴장해도 해냈다!'는 성취감을 거듭 경험했습니다. 부모님 말을 들으니 처음에는 매우 부끄러워했지만, 곧 익숙해져서 당당하게 발표했다고 합니다.

이런 변화는 수많은 OK 라인을 설정한 D군의 마음속에 자기긍정감이 순조롭게 뿌리내리고 있다는 증거였습니다. 또 부모님에게 칭찬을 듬뿍 받자 '긴장'과 '칭찬받았다', '기쁘다'는 감정이 세트로 이어져, 그때까지 D군이 가지고 있던 '긴장된다=싫다'라는 감정이 조금씩 사라진 것 같았지요.

자기긍정감을 제대로 경험하면 OK 라인의 레벨을 조금씩 높여서 설정할 수 있습니다. D군 역시 학교에서도 이런 식으로 OK 라인의 레벨을 높여갔습니다. 그리고 그것들을 확실하게 하나하나 이뤄내면서 D군의 성취감은 점점 높아져갔지요.

· 학교에서 옆자리 친구에게 "안녕?"이라고 인사하기

· 학교에서 매일 두 명에게 "안녕?"이라고 인사하기

· 학교에서 매일 세 명에게 말 걸기

· 옆 반 아이 두 명에게 말 걸기

· 점심시간에 먼저 누군가에게 놀자고 말 걸기

· 친구 세 명을 불러내서 방과 후에 함께 놀기

트레이닝을 시작한 지 3개월 후, D군은 친구들과 있었던 일을 집에서 즐겁게 이야기하게 되었습니다. D군의 말투에서 친구들의 울타리로 들어가 제대로 의사소통을 하게 되었다는 것을 확실히 느낄 수 있었지요. 얼마 전 D군은 지역 축구 클럽에 들어갔습니다. 지금은 클럽 친구들과 함께 밤낮없이 축구를 하며 어울리고 있다고 합니다.

부끄러움에 익숙해지면?
긴장에도 익숙해진다!

긴장에 익숙해진다.

⇩

긴장하고 있는 나 자신에게 익숙해질 수 있다.

⇩

긴장한 내가 어떻게 행동해야 할지에 대해 집중하게 된다.

⇩

긴장해도 실력을 발휘할 수 있다.

앞에서 D군이 첫날 받은 훈련도 긴장의 경험치를 높이는 트레이닝 중 하나입니다. 긴장의 경험치를 높이기 위한 좋은 방법이 또 하나 있습니다. 바로 '부끄러운' 일에 도전하는 것이지요.

부끄럽다는 감정은 사실 긴장과 매우 비슷합니다. 그래서 '부끄럽지만 해냈다'는 경험을 쌓으면 '긴장했지만 해냈다'로 연결됩니다.

제가 멤버들의 멘탈 트레이닝을 담당하는 어느 축구팀에서는 시합 전 항상 몇 사람씩 장기 자랑을 하는 것이 일상이 되어 있습니다. 축구와 장기 자랑이 무슨 관계가 있냐고요? 장기 자랑을 하는 목적은 개인기를 선보일 때 느끼는 '부끄러움'을 맛보는 것입니다. 그렇게 해서 긴장에 대한 허용치를 높이려는 것이지요. 즉, 자기긍정감을 쌓아감으로써 긴장했지만 해냈다는 자신감을 기르는 것입니다.

D군의 경우 역시 부모님 앞에서 그날 있었던 일을 발표하거나 옆자리 친구에게 인사를 할 때 느낀 감정은 '긴장'이라기보다 '부끄러움'이었을지도 모릅니다. 이 '부끄러움'이라는 감정을 잔뜩 맛보면서 긴장의 경험치가 확실하게 상승했다고 할 수 있습니다.

부끄러움으로 긴장에 익숙해지자

일주일 동안 부끄러움을 극복하기 위한 행동에 도전해봅시다. 지금은 부끄러워서 잘하지 못하지만, 언젠가 이를 극복하고 꼭 해내고 싶은 것을 한 가지 생각해봅니다. 예를 들어 그것이 '사람들 앞에서 노래 부르기'라면 일주일 후에 친구들과 노래방에 가기 위해 어떻게 하면 좋을지 생각해보는 것입니다.

스텝1 방에서 마이크나 비슷한 물건을 들고 혼자 음악에 맞춰 노래를 부른다.

스텝2 가족이 있을 때 음악을 들으며 리듬에 맞춰 몸을 흔든다.

스텝3 가족이 있을 때 콧노래를 부른다.

스텝4 가족이 있는 곳에서 조금씩 입 밖으로 소리 내어 노래를 불러본다.

스텝5 가족 앞에서 한 곡을 다 부른다.

스텝6 가족과 함께 노래방에 간다.

스텝7 친구들을 불러서 함께 노래방에 간다.

이렇게 하루에 한 단계씩, 부끄럽더라도 행동에 옮겨봅니다. 아이가 이 단계를 일주일간 계속 밟아나가 '부끄러움'을 극복할 수 있도록 도와주세요.

우리 아이의 'OK 라인', 너무 높은 것은 아닐까?

이 트레이닝의 포인트는 계속 '성취감=자기긍정감'을 체험하면서 OK 라인을 조금씩 올려보는 것입니다. 그런데 하루빨리 좋은 결과를 내고 싶어 갑자기 수준을 높이면 역효과만 납니다. 오늘 내가 할 수 있는 일의 수준을 넘어버리면, 이후에는 그렇게 간단히 성취할 수 없기 때문에 '역시 안 돼'라는 자기부정감만 남을 수 있어요.

만약 앞 장에 나오는 D군이 첫 트레이닝에서 긴장에 다소 익숙해졌다고 해서, '친구 세 명을 불러서 방과 후에 함께 놀기'라는 OK 라인을 난데없이 설정했다면 어떻게 되었을까요? 아마 목표를 달성하지 못했을 겁니다.

자신의 능력보다 지나치게 높은 OK 라인을 설정하면 만약 그 가운데 정말로 '해낸 일'이 있다고 해도 선뜻 인정하기 어렵습니다. 그렇게 되면 모처럼 해냈는데도 성취감을 전혀 맛보지 못하고 좌절감과 자기부정감만 남기 쉬워요.

다이어트를 예로 들어보겠습니다. 지금까지 계속 실패만 한 사람이 '이번에야말로 한 달 동안 3킬로그램을 빼야지!'라는 목표를 세웠습니다. 그런데 한 달 후에 재보니 1킬로그램밖에 빠지지 않았지요. 그 숫자를 보고 '아아, 나는 역시 안 되는 거였어'라며 자신감을 잃고 다이어트 자체를 포기해버리는 것은 흔한 일입니다.

하지만 한 달에 1킬로그램 감량하는 것을 OK 라인으로 설정했다면 어떻게 되었을까요? 1킬로그램이 빠졌다는 사실은 변함이 없지만 '달성했다!', '노력한 보람이 있구나!' 등 성취감을 맛볼 수 있을 것입니다.

이런 성취감이 있다면 '1킬로그램 더 감량한다'라는 다음 OK 라인에 대해서도 자신감을 가질 수 있겠지요. 그리고 다음 달에 실제로 1킬로그램을 더 감량한다면 자기긍정감이 더욱 높아질 것입니다. 이런 식으로 자신 있게 계속 다이어트에 매진하다 보면, '한 달에 3킬로그램 감량'을 목표로 하는 것보다 결과적으로 빠르게 목표를 달성할 가능성이 높아질 겁니다.

물론 '3킬로그램 감량하기'를 목표로 삼아도 좋습니다. 중요한 것은 거기에 도달하기까지 적정한 OK 라인을 설정하는 것이니까요. 이 경우 지금까지의 경험으로 볼 때 '한 달에 3킬로그램을 빼는 것은 무리'라는 자신의 현실을 받아들이고, '지금 내가 할 수 있는 것=한 달에 1킬로그램 빼기'라는 OK 라인을 설정하는 것도 좋은 방법입니다.

아이들의 예는 아니지만 제가 트레이닝을 맡은 또 하나의 사례를 소개해보겠습니다. 6개월에 10킬로그램을 감량하겠다는 목표를 세운 여성이 있었습니다. 그녀는 무척 성실했지만, 지금까지 여러 방법을 따라 해봐도 다이어트에 대한 동기부여를 유지하기가 어렵다고 했습니다.

"처음 일주일 동안은 뭘 할 수 있을까요?"

"매일 복근 운동 30회라면 할 수 있어요."

이렇게 해서 그녀는 매일 복근 운동 30회를 최초 OK 라인으로 설정하고 다이어트를 시작했습니다. 일주일 후, 다시 만나 결과를 물으니 그녀는 면목 없다는 듯한 표정으로 고개를 숙였습니다.

"운동을 한 번도 못 했어요….'"

사람은 희한하게도 자신 없는 것일수록 목표 수준을 높이 설정하는 경향이 있습니다. 즉, '스스로가 생각하는 할 수 있는 일'과 '실제로 할 수 있는 일'에 커다란 간극이 존재하는 것이지요.

그녀의 경우 직장에서 돌아오면 복근 운동을 하는 것 자체가 귀찮고 피곤해서 어느 순간 잠이 들었다고 했습니다. 그리고 해야 하는데 하지 못한 자신을 탓하며 자기부정감에 빠진 채 일주일을 보낸 것이었지요.

OK 라인을 다시 설정할 필요가 있었습니다. 우선 퇴근 후 피곤하고 귀찮더라도 할 수 있는 일이 있는지 대화를 나눴습니다. 그 결과 우선 '매일 1회 복근 운동을 하고 있는 자신의 모습을 머릿속에 그려보기'라는 OK 라인부터 시작해보기로 했지요. 매일 단 1회, 그것도 그저 머릿속에 그려보는 것뿐이었어요.

아마 많은 사람들이 그런 게 무슨 다이어트냐고 반문할 겁니다. 본인도 처음에는 그렇게 생각했을지 모릅니다. 하지만 그녀에게는 다이어트를 위해 필요한 최초의 한 걸음이었습니다. 그 사실을 본인에게 이해시키고 이 새로운 OK 라인부터 다시 도전하기로 했습니다.

다행히 이 OK 라인은 매일 달성할 수 있었습니다. 그리고 '해냈다!'는 감각을 충분히 맛보자 다음은 라인을 조금 높여 '매일 1회, 실제로 복근 운동을 한다'로 설정했어요. 그다음은

감정의 감도를 높이는 훈련 해냈다면 기뻐하는 습관을 들이자

자기긍정감을 키우기 위해서는 그것을 느낄 기회를 늘리는 것이 중요하다. 비록 작은 일이라도 '달성한 것'에 대해서는 온몸으로 기뻐하는 습관을 들여 '기쁘다'는 감정을 느낄 기회를 늘려보자.

요령은 간단하다. 평소에는 그다지 기뻐할 것도 없는 사소한 일이라도 의식적으로 승리한 포즈를 지으며 기뻐하면 된다.

단지 그것뿐이다. 사람들이 "뭘 그런 걸로 기뻐해?"라고 생각할까 봐 신경 쓰여도, 지지 말고 작은 기쁨을 몸으로 표현해서 기쁘다는 감정을 의식해보자.

매일 2회, 매일 5회, 하는 식으로 조금씩 OK 라인을 높여가며 그것을 확실하게 달성하는 것으로 자신감을 쌓아갔습니다.

5개월 후, 그녀는 매일 두 시간씩 운동하게 되었습니다. 그 결과 놀랍게도 10킬로그램을 감량할 수 있었지요. 간단한 이미지 트레이닝부터 시작했는데도 계획했던 6개월간 확실하게 목표를 달성한 것입니다.

자기긍정감을 유지할 수 있다면 '할 수 있는 일'의 수준을 조금씩, 그리고 확실하게 높일 수 있습니다. 할 수 있는 것부터 달성하면 된다는 자신감을 가지고 목표에 몰두할 수 있어요. 그러기 위해서는 결코 욕심내지 말고 적정한 OK 라인을 설정하는 것이 굉장히 중요합니다.

 사례

'의욕이 없는' 자신을
자꾸만 책망합니다

고등학교 3학년 E군은 대입 시험일까지 반년밖에 안 남았는데도 '공부할 의욕이 생기지 않아서' 고민하고 있었습니다. 공부해야 한다는 것은 알고 있지만, 아무리 노력해도 집중하지 못하고 무심결에 텔레비전을 보거나 스마트폰을 만지작거리게 된다고 했지요.

이야기를 자세히 들어보니 E군의 성적은 교과별로 편차가 있었습니다. 본래 특기인 국어와 영어, 수학은 순조롭게 공부하고 있다고 했습니다. 문제는 자신 없는 과학과 사회였습니다. 대학 입시를 앞두고 생물과 세계사를 확실히 준비해야 하는데 공부할 마음이 전혀 들지 않는다는 것이었지요.

'잘 안 되네'라고 느끼는 것, 즉 자신 없는 일에 의욕을 느끼는 것은 누구에게나 어려운 일입니다. E군의 경우, 간단한 문제에도 쩔쩔매는 자신과 잘하는 친구의 차이를 느끼면서 그 과목에 대한 의욕이 점점 떨어져가는 것처럼 보였습니다.

원래 무척 성실한 학생이었던 E군은 '귀찮아서 하기 싫다'라고 느끼는 것에 큰 죄책감을 품고 있었습니다. 그래서 '시험까지 반년밖에 안 남았는데 공부하기 싫은 나는 패배자'라는 자기부정감에 휩싸여 있었지요.

'귀찮다'는 감정을 느끼고 의욕을 잃는 자신을 통제

하기란 쉽지 않은 일입니다. 그래서 저는 E군에게 우선 "그렇게 느끼는 자신을 그냥 받아들여보자" 하고 말했습니다. 하고 싶은 마음이 들지 않는 것은 할 수 없는 일이지요. 이건 좋은 것도, 나쁜 것도 아닙니다.

이것저것 이야기하는 동안 E군이 시간 개념을 무척 중요하게 여긴다는 사실도 알 수 있었습니다. E군은 '공부는 한 만큼 느는 것이다. 지금까지도 그래왔다. 그러니 공부하는 시간을 늘린다면 성적도 오를 것이다'라고 생각하고 있었습니다. 그래서 싫어하는 과목을 공부하는 시간을 늘릴 방법을 함께 생각하기로 했지요.

"몇 분 정도면 싫어하는 과목이라도 집중할 수 있을 것 같아?"

그러자 E군은 이렇게 대답했습니다.

"지금은 15분이 한계일 것 같아요. 집중하려고 해도, 대부분 그 정도 하고 나면 스마트폰을 들여다보게 되거든요."

"그러니까 15분이라면 집중할 수 있다는 이야기구나? 그럼 15분을 1세트라고 생각하면 되겠네."

"네? 겨우 15분을요?"

"그래. 15분간 할 수 있다면 OK라고 생각하자. 15분 간 집중해서 공부했다면 그 후에는 쉬거나 다른 일을 해도 괜찮아. 할 수 있을까?"

"네, 그거라면 할 수 있을 거예요."

"그럼 15분을 1세트라고 하면, 하루 동안 몇 세트에 도전할 수 있을 것 같아?"

"음, 다른 과목도 있으니까 2세트 정도일 것 같아요."

"그렇구나. 그럼 다음 주까지 일주일 동안 하루에 15 분씩 2세트 해내면 OK인 것으로 하자. 단, 억지로 의욕 을 내려고 하지 마. 하기 싫어도 괜찮으니까 할 수 있는 일을 확실하게 하면 그것으로 되는 거야."

일주일이 지난 뒤 성과를 들어봤습니다. E군은 "매일 확실하게 해냈어요! 하기 싫었지만 할 수 있었어요!"라 고 말했습니다. E군이 성취감을 경험했다는 것을 알 수 있었지요.

게다가 3세트를 해낸 날도 있어서, 그 정도라면 할 수 있겠다는 본인의 의사에 따라 다음 일주일간의 OK 라인을 3세트로 올렸습니다.

그렇게 3세트의 OK 라인도 거뜬히 넘어 '하기 싫지

만 해냈다!'라는 자기긍정감을 맛보는 사이에, 어느새 30분 이상 집중하기도 했습니다. 그리고 마침내 '한 시간 집중하기'라는 OK 라인을 달성했지요. '하기 싫다'는 감정을 인정하면서 조금씩 OK 라인을 늘려간 결과, '자신이 할 수 있는 것'의 레벨이 확실하게 올라간 것입니다.

그로부터 2개월이 지났을 때, E군은 자신 없는 과목을 공부할 때도 자신 있는 과목과 비슷한 시간만큼 집중할 수 있게 되었습니다. 거기에 비례해서 점수가 올랐기 때문에 자신감도 점점 커졌지요. 그리고 마침내 자신 없는 과목에서도 높은 점수를 얻어 지망하는 대학교 두 곳에 모두 합격했습니다.

E군은 이제 이렇게 말합니다.

"예전에 저는 하고 싶다는 의욕이 생기지 않으면 성적이 오르지 않을 거라고 믿고, 자신 없는 과목도 좋아해야 한다는 생각에 초조했어요. 하지만 의욕이 없어도 제대로 해낼 수 있다는 사실을 깨달았어요. 싫어하는 것을 억지로 좋아할 필요도 없고요.

그러자 공부에 대한 각오가 달라졌어요. 앞으로도

하고 싶지 않은 것에는 이런 식으로 대응하면 된다고
생각하니, 대학교에서의 공부가 기대되네요.(웃음)"

아이의 감정,
허용치를 높여주세요

OK 라인의 레벨이 높아졌을 때 좋은 결과가 나오는 이유는 무엇일까요? 바로 '대응할 수 있는 감정의 허용치'도 높아졌기 때문입니다.

무엇을 하든 소극적이고 긴장하는 순간을 피하려 들던 D군의 예에서 볼 수 있듯이, '옆자리 친구에게 인사를 하는 것'보다 '친구 세 명을 불러 방과 후에 함께 놀기'가 훨씬 어렵습니다. 그 OK 라인을 뛰어넘는다는 것은 전자보다 강한 긴장을 느껴도 '할 수 있는' 사람으로 성장했다는 뜻이기도 합니다.

E군의 경우 역시 15분씩 2세트 집중하는 것보다 한 시간씩 1세트 집중하는 편이 더 '하기 싫은' 감정을 많이 느낄 것입니다. 그러니 한 시간에 1세트라는 OK 라인을 뛰어넘는 것은, 전자보다 더욱 하기 싫다는 감정을 느끼면서도 목표를 달성한 사람으로 성장했다는 증거입니다.

중요한 시험이든 시합이든 혹은 대회든, 아무리 철저하게 준비했다고 해도 '실전'이란 아이에게 커다란 부담을 줍니다. "긴장도 즐기자꾸나!" 하는 부모님도 있지만, 과연 즐겼는지는 끝난 다음에야 알 수 있어요. 나중에야 '즐거웠다'는 감상을 가질 수 있을지도 모르지만, 실전을 앞두었을 때의 심정은 말 그대로 '긴장'이라는 감정으로밖에 표현할 수 없습니다.

중요한 실전일수록 그런 감정이 자신의 허용치를 넘기다 보니 자신감을 갖지 못하고 '무섭다', '불안하다'는 마이너스 감정에 휩싸이기 쉽습니다. 그것이 너무 커서 반대로 감정을 못 본 척하거나 그대로 억누르려고 하는 것이지요.

하지만 마이너스 감정을 있는 그대로 받아들인다면 실전에서 자신의 능력을 제대로 발휘할 수 있습니다. 즉, 실전에 강한지 약한지 여부는 '마이너스 감정을 얼마나 허용하느냐'에 달렸다고 말할 수 있어요. 따라서 마이너스 감정의 허용치를 조금씩 높여갈수록 아이가 실전에 강한 멘탈을 만드는 데 도움이 된다는 것을 기억해주세요.

'OK 라인'으로
우리 아이 자신감
쑥쑥 올려주기

지금 이 'OK 라인', 누구를 위한 것인가요?

2장에서 OK 라인을 활용한 트레이닝의 핵심은 성취감과 자기 긍정감을 맛보면서 조금씩 OK 라인의 수준을 높여가는 것이 라고 이야기했습니다. 3장에서는 OK 라인을 효과적으로 설정 하는 방법을 살펴보려고 합니다.

OK 라인의 기준은 어디까지나 '아이 자신'에게 있습니다. 일반적인 세상의 기준, 주위 사람들의 생각이 아닙니다. 아버 지와 어머니의 기대 역시 중요하지 않습니다.

예전에 아이들을 대상으로 댄스 워크숍을 개최한 적이 있습니다. 그날 운영한 프로그램은 프로 댄서에게 지도를 받고 마지막에 부모님 앞에서 발표하는 것이었지요. 다른 사람 앞에서 처음 춤을 추는 아이들이 많았습니다. 워크숍을 시작하면서 각자의 기분을 말로 표현해보라고 했더니 다들 '긴장된다', '두근거린다'라며 솔직하게 감정을 표현했습니다.

"자, 오늘 여기에 있는 모든 사람이 반드시 할 수 있는 일이 무얼까?"

그러자 다양한 의견이 나왔습니다. 여러 대답 가운데 모든 아이들이 동의한 것은 '오늘 배운 춤을 발표회에서 끝까지 멈추지 않고 춘다면 OK'라는 제안이었지요. 이것이 그날의 OK 라인이 되었습니다.

그 OK 라인을 달성하기 위해 다들 진지하게 레슨을 받았지요. 이윽고 발표회 시간이 되었습니다. 아이들은 모두 각자의 능력을 한껏 발휘해 그날 배운 춤을 끝까지 추었습니다. 다시 말해 그날의 OK 라인을 훌륭히 뛰어넘은 것이지요.

아이들 모두 "해냈다~!"를 외치며 크게 기뻐했습니다. '멈추지 않고 춤을 춘 나'를 의식하며 과제를 수행한 아이들은 커다란 성취감을 얻을 수 있었을 겁니다. 마지막에 자신에게 점수를 매겨보라고 했더니 아이들은 100점을 주었습니다. 모두가 자신에게 당당하게 OK 사인을 보낸 것이었지요.

그런데 흥미로운 것은, 그날 발표회에 참석한 부모님을 대상으로 "오늘 내 아이의 점수는 몇 점인가요?"라는 질문을 했더니 100점을 준 부모님이 거의 없었다는 사실입니다. 80점이나 90점 등 비교적 높은 점수를 준 분도 있었지만, 50점이나 60점이라는 숫자를 적은 분도 있었지요. '다른 아이보다 조금 템포가 늦었다', '제대로 리듬을 타지 못했다', '좀 더 활기차게 춤을 추면 좋겠다' 등 이유는 다양했습니다.

물론 그날의 OK 라인이 '끝까지 멈추지 않고 춤을 추는 것'이라는 점은 부모님들께도 전달했습니다. 그런데도 많은 분들이 자녀가 OK 라인을 달성한 것보다는 '잘하지 못한 것'에만 집중한 것이지요. 아이들이 모처럼 자신 있게 발표회를 마치고 성취감을 맛보고 있었는데도, 어른들은 자신들의 기준으로 '잘하지 못한 것'으로 취급했습니다. 그 모습을 보며 무척이나 안타까웠지요.

실제로 아이가 자신감이 없다고 상담하러 오는 부모님들은 대부분 아이들에게 너무 높은 OK 라인, 그러니까 부모 기준의 OK 라인을 제시하는 경향이 있습니다. 지금 실력으로는 현실적으로 80점도 아슬아슬한 아이에게 부모님 마음대로 90점이

나 100점이라는 OK 라인을 설정하는 것입니다.

그러면 81점을 받아도 OK 라인에 도달하지 못한 것이 되기 때문에 아이는 성취감을 맛볼 수 없습니다. 당연히 자신감을 얻을 수도 없고요. 평소보다 1점 높은 점수를 받았다는 사실을 깨닫지도 못합니다.

너무 높은 OK 라인은 아이들이 성취감을 얻을 기회를 빼앗아 갑니다. 이것은 아이들이 좀처럼 자신감을 갖지 못하게 하는 원인이 되기도 합니다. 그러니 지금 우리 아이가 실전에서 약한 모습을 보인다면, 아이의 OK 라인이 누구를 위한 OK 라인인지 고민해보시기 바랍니다.

너무 높은 'OK 라인', 아이의 자신감을 앗아 갑니다

'높은 목표를 달성하는 편이 더욱 큰 자신감을 얻을 수 있다. 그러니 항상 80점이 아니라 90점이나 100점을 목표로 해야 한다'라고 생각하는 분도 있을 것입니다. 하지만 기껏해야 80 점 받을 실력이라는 현실을 무시하고 90점이나 100점을 목표로 해봐야 달성하지 못할 가능성만 커집니다. 그런 비현실적인 목표를 향해 무리하게 달려나가도 자신감을 얻기는 쉽지 않고요.

물론 현재 간신히 80점을 받는 아이가 90점이나 100점을 받을 수 없다는 이야기는 아닙니다. 그것을 목표로 삼는 것 자체를 부정하는 것도 아니에요. 중요한 것은 성취감을 맛보고 자기긍정감을 얻는 경험을 거듭하다 보면 OK 라인의 수준을 조금씩 올릴 수 있다는 사실입니다. 계속 이렇게 하다 보면 언젠가는 90점이나 100점도 받을 수 있습니다. 그렇기 때문에 우선은 80점이라는 OK 라인이 필요한 것이지요.

중요한 것은 확실하게 할 수 있는 일(=80점을 받는 일)부터 시작해 성취감을 쌓아가는 것입니다. 이를 통해 아직 할 수 없는 일(=100점을 받는 일)을 향해 나아갈 자신감이 생깁니다. 자신감 없는 아이들이 늘어나는 커다란 원인은 부모와 자식 간에 발생하는 OK 라인의 간극이 아닐까 싶습니다.

트레이너로서의 제 경험을 돌아보면 어른들 중에는 세상의 상식과 평균, 또는 타인의 시선 등 '자기 자신 이외의 기준'에 지나치게 신경 쓴 나머지 자신의 OK 라인을 높이 설정하는 분이 무척 많습니다. 바꿔 말하면 성인들은 '이상적인 자신'과 '현실의 자신'의 괴리를 인정하는 것을 어려워합니다.

그에 비해 아이들은 본래의 자신에게 OK 사인을 더 쉽게 보내는 편이지요. 트레이닝의 결과가 어른들보다 빨리 나타나는 것도 그 때문입니다.

그러니 OK 라인을 '아이 자신의 기준'으로 적정하게 설정하기만 한다면, 놀랄 정도로 빠르게 자신감있는 아이로 변해갈 것입니다.

최상의 'OK 라인'은
대화에서 시작된다

아이의 기준에 맞게 OK 라인을 설정하기 위해 꼭 필요한 것이
있습니다. 바로 '대화'입니다. 지금 우리 아이가 무엇을 할 수
있고 무엇을 할 수 없는지, 아이와 대화해 확실히 정리해야 합
니다.

예를 들어 '긴장해도 실력을 발휘할 수 있게 되는 것'을 목표
로 훈련하는 경우, 어느 정도의 긴장감이면 자신이 맞설 수 있
을지 함께 생각해보세요. 테니스 시합이든 중요한 시험이든
떠오르는 특정한 순간이 있다고 해도 거기에 크게 얽매일 필

요는 없습니다. 그것들은 '긴장하는 것을 알아차리기 쉬운' 순간 중 하나일 뿐입니다. 중요한 테니스 시합에서의 긴장이든 시험을 칠 때의 긴장이든, 학교 수업 중 발표를 하기 전에 느끼는 긴장의 연장선상에 있다고 생각하면 됩니다.

먼저 일상생활에서 아이가 어떨 때 긴장하는지 질문해보세요. 1장에서 소개한 감정 일기를 '긴장 일기'로 바꿔서 일주일 정도 자신이 긴장했던 일만 적어보게 하는 것도 좋습니다.

이번 일주일간 긴장했던 일

· 선생님이 갑자기 내 이름을 부르셔서 발표하게 되었을 때
· 학급 조회 시간에 친구들 앞에서 의견을 이야기하게 되었을 때
· 학원에서 돌아오는 길에 같은 반 이성 친구를 마주쳤을 때
· 평상시에 별로 이야기해본 적 없는 친구가 말을 걸어왔을 때

다음으로는 이런 일에 대해 어느 정도 긴장했는지를 숫자로 나타내고, 어떤 식으로 대응했는지 써봅니다. 그 결과 성취감을 느꼈는지 좌절감을 느꼈는지도 적어봅니다.

① 선생님이 갑자기 내 이름을 부르셔서 발표하게 되었을 때,   ⇨ 긴장도
   횡설수설하느라 제대로 대답하지 못했다.   90%

   : 좌절감 발생

② 학급 조회 시간에 친구들 앞에서 의견을 이야기하게 되었 ⇨ 긴장도
   을 때, 몇 번 더듬거리긴 했지만 준비한 내용을 잘 이야기   60%

   하고 마쳤다.

   : 성취감 발생

③ 학원에서 돌아오는 길에 같은 반 이성 친구를 마주쳤을 ⇨ 긴장도
   때, 너무 갑작스러워서 당황하는 바람에 눈도 마주치지 못   100%

   했다. 아무 말도 못한 채 지나가버렸다.

   : 좌절감 발생

④ 평상시에 별로 이야기해본 적 없는 친구가 말을 걸어왔을 때, ⇨ 긴장도
   조금 놀랐지만 이야기는 잘 나눴다. 어쨌든 10분이나 이야기   70%

   했다.

   : 성취감 발생

좌절감을 느낀 ①과 ③의 경우, 다음에 똑같은 일이 일어
난다면 자신이 확실하게 할 수 있는 일이 무엇인지 생각해보
도록 유도합니다. 이때 같은 상황에서 성취감을 느낄 수 있는
OK 라인을 설정해두는 것이 중요해요.

① 허둥거리지 말고 천천히 일어난 다음 선생님의 질문에
   대답한다.
③ 눈을 마주 보고 인사한다.

이것이 다음 단계의 OK 라인이 되겠지요. 이를 달성했다면
더 높은 OK 라인을 설정해 실전에서 적용할 수 있도록 연습합
니다.

핵심은 '이거라면 확실하게 할 수 있는 일'을 OK 라인으로
설정하는 것입니다. 허용치를 넘어서는 레벨까지 목표를 끌어
올린 결과, '역시 안 되잖아' 혹은 '역시 실패했어'라며 자기부
정감을 맛보게 된다면 본말이 바뀌는 결과만 가져옵니다.

물론 그렇다고 해서 'OK 라인을 낮게 설정해두면 되겠지'
라는 생각은 잘못입니다. OK 라인은 그 자체가 목적이 아닙니
다. 어디까지나 성공하는 경험을 늘려 자기긍정감과 자신감을

키우기 위해 설정하는 것이니까요.

항상 80점 정도 받는 아이에게 OK 라인을 50점으로 설정해준 경우, 60점을 받는다면 OK 라인은 분명히 달성한 것이지요. 하지만 성취감을 얻을 수는 없습니다. 원래 80점을 받을 수 있는 능력이 있으므로, 실력에 부합하는 결과를 얻은 것도 아닙니다. 이래서는 자신에게 OK 사인을 보낼 수 없으니, 애초에 이것을 OK 라인이라고 부를 수도 없습니다.

즉, OK 라인이란 '자신이 확실하게 할 수 있는 것'인 동시에 '그것을 달성하는 것이 성공 체험이 되는 것'으로 설정해야 합니다. '지금 실력에 어울리는 레벨'이어야 한다는 점이 중요합니다. 그러니 OK 라인은 아이의 행동을 잘 관찰하고 충분한 대화를 나눈 후 설정해야 합니다.

 학교에 가는 것이
무서워졌어요

초등학교 4학년 F군은 겨울방학이 끝난 후부터 학교에 가기 싫다고 했습니다. 이유를 물어봐도 "그런 거 없어.

그렇지만 가기 싫어"라고 말하는 바람에 부모님도 어찌할 바를 몰랐지요. 어느덧 결석 일수는 2주를 넘어서고 있었습니다.

트레이너가 차분히 이야기를 들어보니, 친했던 친구가 자신에게 갑자기 냉담해져 큰 상처를 받은 모양이었습니다. 그런데 처음 학교에 가기 싫어 한 이유는 분명이 친구와의 관계 때문이었는데, 학교를 하루 쉰 다음날부터는 결석한 자신을 학급 친구들이 과연 어떻게 볼지 걱정되었다고 합니다. 그래서 학교에 가는 것이 무서워진 것이었지요.

이처럼 원래 성실했던 F군은 몸이 아픈 것도 아닌데학교를 결석했다는 데 커다란 죄책감을 느끼고, '그런자신은 나쁜 아이'라는 강한 자기부정감을 느끼고 있었습니다.

이야기를 더 들어보니 F군에게 가장 높게 느껴진 허들은 바로 아침이었습니다. 수업 시간에는 다들 공부에 집중하고, 쉬는 시간에는 교정에 나가거나 도서실에서 책을 읽는 등 각자 활동을 하는데, 아침에 수업이시작되기까지는 학급 친구들과 함께 교실에 있어야 합니다. 그때 친구들이 자신에게 어떤 태도를 보일지 상 상만 해도 무서워서 견딜 수가 없다는 말이었지요.

F군이 조금이라도 쉽게 학교에 다녀올 수 있도록 어 머니는 "가서 정 싫으면 돌아오렴"이라는 타협안을 제 시했습니다. '일단 아침에 학교에 가는 것'을 계속 권한 것입니다. 하지만 F군에게는 아침이야말로 가장 무서 운 시간대였기 때문에, 아이에게 학교 가는 것은 너무 나 높은 OK 라인이 되었습니다.

그래서 트레이너는 이런 질문을 던졌습니다.

"몇 교시부터라면 갈 수 있을 것 같니?"

"3교시 정도라면 갈 수도 있을 것 같아요. 그런데 그 렇게 해도 되나요?"

F군의 어머니 역시, 학교는 아침부터 가는 것이 당연 하다고 굳게 믿고 있었습니다. 아침에 등교해야 한다는 것은 상식일지도 모릅니다. 하지만 '자신이 할 수 있는 것', '아이가 할 수 있는 것'을 찾기 위해서는 상식이나 주위 사람들의 가치관을 한 번쯤은 옆으로 치워두는 것 도 좋은 방법입니다.

OK 라인은 어디까지나 '도전하는 사람'을 기준으로

설정해야 합니다. F군은 '3교시부터 학교에 간다'는 OK 라인을 설정했습니다. 또 트레이너는 부모님에게 아들이 이 OK 라인을 달성한다면, 당당하게 스스로에게 OK 사인을 보낼 수 있도록 적극적으로 지지해줄 것을 당부했습니다.

이 OK 라인은 F군만의 것이므로 다른 사람에게는 OK 라인이 아닐 수 있습니다. 그렇기 때문에 어쩌면 친구가 한마디 하거나 선생님에게 주의를 들을 수도 있지요. 그렇더라도 가장 가까운 곳에 있으면서 가장 믿을 수 있는 부모님에게 칭찬을 받는다면 F군은 해냈다는 성취감을 맛볼 수 있을 거라고 생각했습니다.

F군이 상담하러 온 것은 화요일이었는데, 이틀 후인 목요일 밤, 그는 어머니에게 학교에 가겠다고 말했지요. 트레이너의 조언을 떠올린 어머니가 "그럼 3교시부터 가면 되겠네"라고 말하자 F군은 작게 대답하며 고개를 끄덕였다고 합니다.

금요일 오전, F군은 3교시 시작 시간에 맞춰 집을 나섰습니다. 조금 걱정이 된 어머니가 괜찮은지 물어보니 "무섭지만 할 수 없으니까 가야지"라는 대답이 돌아왔어요. 그날 F군은 도중에 돌아오는 일 없이 하교 시간까지 학교에 있었습니다.

"대단하다, 잘했어!"

어머니가 웃는 얼굴로 맞아주자 F군도 안심한 듯한 표정으로 대답했습니다.

"응, 해냈어!"

밤에 회사에서 돌아온 아버지도 "정말 잘했어!"라며 F군을 크게 칭찬했습니다.

주말을 보내고 월요일이 되자 부모님은 다시 내심 걱정스러워졌습니다. 그런데 어머니의 표현에 의하면 F군은 '아침부터 선뜻 아무렇지도 않게' 집을 나섰습니다. 막상 해보니 학교에 가는 일이 생각보다 더 쉽다고 느낀 것 같습니다. 2주 동안이나 학교를 빠진 것에 대해 친구들은 전혀 신경 쓰지 않았고, 아무 일 없었다는 듯이 F군과 어울렸다고 합니다.

F군은 조금 허탈했지만 그 때문에 '나는 학교를 오랫동안 빠진 나쁜 아이'라고 생각했던 자기부정감을 털어버릴 수 있었습니다. 더구나 '학교에 다시 잘 나가게 되었다'는 자기긍정감도 얻었지요. 덕분에 바로 전날까지

도 그렇게 높게 느껴지던 '아침부터 학교 가기'라는 허들을 가뿐히 뛰어넘을 수 있었던 것입니다.

레벨을 올리는 타이밍, 이것만은 기억하세요

무언가에 대해 어떤 감정을 얼마만큼 느끼는지는 자기 자신 밖에 모릅니다. F군의 경우를 봐도, 부모가 생각한 OK 라인의 수준과 본인이 느낀 수준에는 명백한 차이가 있었지요. 어머니는 '힘들면 바로 돌아와도 된다'고 생각하면 마음이 편해진다, 즉 OK 라인이 내려간다고 생각했을 것입니다. 실제로 그렇게 생각하는 사람들이 많을 것 같습니다. 지각보다 조퇴가더 낫다는 인식이 있기 때문일지도 모릅니다.

하지만 당사자인 F군에게는 '바로 돌아와도 된다'는 안도감

보다는 아침에 학교에 가는 것에 대한 '두려움'이 더 컸습니다. 바로 그렇기 때문에 아침을 피할 수만 있다면, 지각을 하는 한이 있어도 그것은 '뛰어넘을 수 있는 OK 라인'이었다는 뜻이 됩니다.

· 어머니의 OK 라인

아침부터 등교하고 힘들면 조퇴한다. < 지각해서 3교시부터 학교에 간다.

· F군의 OK 라인

아침부터 등교하고 힘들면 조퇴한다. > 지각해서 3교시부터 학교에 간다.

다른 사람들의 시선은 OK 라인에 영향을 줄 수 없습니다. OK 라인은 어디까지나 스스로에게 OK 사인을 보내기 위한 것이지요. 그러니 지켜보는 부모님은 아이의 OK 라인을 이해하고 지지해줘야 합니다.

특히 부모님들은 처음에 아이에게 적절한 OK 라인을 설정했다고 해도, '이상'과 '상식'에 휘둘려 그것을 빨리 상향 조정하고 싶어 하는 경향이 있습니다. 혹은 OK 라인의 레벨을 올리려고 아이를 보채기도 하고요. 하지만 그렇게 하면 아이의 성취감이 손상되어 자기긍정감이나 자신감을 얻기가 더욱 힘

들어집니다. 상황에 따라서 '사실은 안 되나봐'라는 자기부정
감으로 바뀔 수도 있고요.

F군 역시 3교시부터 등교해 모처럼 성취감을 느끼고 있을
때 어머니가 '다음부터는 아침에 가면 좋겠다' 같은 말을 무심
코 내뱉었다면 '역시 나는 안 되겠다'라는 자기부정감으로 전
환됐을 가능성도 있습니다.

OK 라인을 올리는 '타이밍'은 중요합니다. 하지만 가장 중
요한 것은 '우리 아이가 성취감을 충분히 맛보고 있는가'입니
다. 지금보다 높은 OK 라인에 도전하려는 의욕과 실제로 그것
을 달성하는 힘은 성취감에서 비롯되는 자신감으로 이어질 수
있습니다.

부모가 함께 하면
트레이닝 효과가 2배!

어떤 경우에 어떤 감정을 어느 정도 느끼는가는 당사자만 알
수 있습니다. 그러니까 설정한 OK 라인을 달성했을 때 아이가
성취감을 얼마만큼 느끼는지, 반대로 달성하지 못했을 때 좌
절감을 얼마만큼 느끼는지 역시 본인밖에 모른다고 할 수 있
지요.

하지만 그 감정을 다른 사람과 공유할 수는 있습니다. 부모
님도 아이와 같은 트레이닝에 도전하는 것입니다. 아이가 긴
장에 익숙해지는 트레이닝을 받고 있다면 함께 씨름해볼 수

있지요. 물론 똑같은 일이 아니더라도, 부모님이 과제로 삼는 다른 것에 몰두해보는 것도 좋은 방법입니다.

이때 아이의 OK 라인을 설정할 때와 마찬가지로, 꼭 아이와 대화하면서 부모님의 OK 라인을 설정해보세요. 그러면 타인의 결정이 아닌 자신만의 기준에 따르는 것이 얼마나 중요한지 실감할 수 있을 겁니다.

저 역시 아이의 OK 라인을 무심코 본인 기준으로 정하려는 부모님들과 함께 OK 라인을 정하는 훈련을 할 때가 있습니다. 이를 통해 부모님들도 타인에게 OK 라인을 강요당할 때의 불쾌함, 거기에서 생겨나는 불안함 등에 대해 충분히 깨닫곤 하지요. 그 덕분에 아이의 기분도 자연스럽게 존중할 수 있게 되었다고 입을 모아 말합니다.

또 부모님이 트레이닝을 통해 성취감을 얻으면 이것이 곧 자신감과 직결된다는 사실을 몸소 경험할 수 있어요. 자신감이 생기면 OK 라인을 좀 더 올리고 싶은 의욕이 솟아오르는 것을 느낄 수 있습니다. 이런 감정을 아이와 부모님이 공유할 수 있다면 아이도 '시켜서 억지로 하는 기분'을 느끼지 않을 수 있어요. 물론 그에 따라 트레이닝의 성과를 얻기도 더 쉬워지므로 그야말로 일석이조라 할 수 있습니다.

자신만의 'OK 라인',
때로는 삶의 태도가 됩니다

주변에 휘둘리지 않고 자기만의 기준을 마련하는 것. 그것은 OK 라인에 한정된 것만은 아닙니다. 전반적인 삶의 태도로서도 중요하지요. '나는 안 된다'라며 자신감을 상실하는 원인 중 대부분은 타인과 자신을 비교해서 열등감을 느끼거나, 주위 사람들의 평가를 필요 이상으로 신경 쓰기 때문이 아닐까요?

앞에서 아이들이 스스로에게 OK 사인을 더 쉽게 보낸다고 말씀드린 바 있습니다. 사람은 성장함에 따라 자신과 친구의 차이에 눈을 뜨거나 주변 평가에 신경 쓰게 됩니다. 그것은 어떤 의미로는 '성장했다는 증거'이기도 하지만, 한편으로는 아이들이 점점 높은 OK 라인을 스스로에게 강요하면서 그 때문에 힘들어하거나 자신감을 잃어버리게 된다는 뜻이기도 하지요.

물론 목표를 높이 설정하는 것은 좋습니다. 하지만 OK 라인은 어디까지나 자신에게 맞는 것이어야 합니다. 더구나 사회에 나가면 누구든 다양한 경쟁과 압박에 노출되게 마련이라, 주위의 평가만 기준으로 삼는다면 자기부정감이 커지겠지요. 살아가는 것이나 일에서 느끼는 보람도 찾을 수 없게 될지 모릅니다.

그럴 때 필요한 것이 현재의 자신을 인정하고, 자기만의 기준으로 스스로에게 OK 사인을 보내면서 할 수 있는 일과 해야 할 일을 해내는 힘이 아닐까 합니다. '자신을 인정한다'는 것은 현상 유지에 만족한다는 뜻이 결코 아닙니다. 자신을 과대평가함으로써 할 수 없는 일에 눈을 돌리거나, 반대로 할 수 없는 일만 의식해 자신을 과소평가하지 않고 할 수 있는 일과 할 수 없는 일을 모두 포함해 그 자체가 자신임을 깨닫는 것입니다.

사람은 자신이 어떤 사람인지 알게 되면 자신만의 기준에

눈을 뜹니다. 그러면 이전보다 잘할 수 있게 된 부분 또는 성
장한 부분도 깨달을 수 있어요. 그런 자신감이 쌓여 장차 아이
들이 살아가는 힘이 됩니다.

> **사례**
>
> 라이벌을 지나치게 의식해서
> 나에게 OK를 보낼 수 없어요

중학교 1학년인 G양은 수영 선수입니다. 초등학교 시
절부터 수영을 해서 실력이 쑥쑥 늘었지만, 중학생이
되고부터는 대회에 나가도 그리 좋은 성적을 거두지 못
했습니다. 같은 수영 선수인 다섯 살 위 언니는 긴장의
경험치를 높여 실전에 강해지기 위한 트레이닝을 받고
있었지요. 하지만 어머니가 생각하기에 G양의 과제는
긴장보다는 '의욕 상실'처럼 보였습니다.

G양을 파악하기 위해 다양한 게임에 집중하게 하려
고 했지만 쉽지 않았습니다. "이 게임의 목표는 몇 번으
로 할까?"라고 물으면 G양은 꼭 "언니는 몇 번 했는데
요?"라고 물었으니까요.

"네 언니는 열 번 중 다섯 번 성공했지"라고 알려주면 "그럼 일곱 번 할래요" 하며 딱 잘라 말했습니다. 그리고 세 번 실패해서 목표를 달성하지 못하면 "역시 난 못하겠어요. 이제 하고 싶지 않아요"라며 기분이 틀어져버리곤 했습니다.

G양이 언니를 심하게 의식하고 있다는 사실은 명백했지요. 언니를 이기고 싶다는 목표가 너무 강해서 언제나 언니를 기준으로 자신을 평가하는 듯했습니다.

누군가를 이기고 싶다, 지고 싶지 않다는 생각 자체는 나쁘지 않습니다. 하지만 그것과 별개로 자신만의 기준을 세우지 못하면, 타인을 이기는 것 외에는 자신에게 OK를 보낼 수 없게 됩니다. 다섯 살 위 언니를 이기는 일은 아직은 G양에게 넘기 힘든 OK 라인임이 분명했기에, 그녀는 자신감도 의욕도 잃어버린 것이었지요.

물론 그렇다고 해서 언니를 이기고 싶다는 마음을 부정할 필요는 없습니다. 오히려 그것을 G양의 본심이라고 확실히 인정할 필요가 있습니다. 담당 트레이너는 왜 언니를 이기고 싶은지, 언니를 어떻게 생각하고 있는지 등 G양의 감정을 좀 더 파고들어보기로 했습니다.

G양은 처음에는 옆에 있는 어머니를 의식했는지 약간 말을 가리는 눈치였습니다. 그러다가 트레이너에게 마음을 열어감에 따라 감춰두었던 속내를 털어놓기 시작했지요.

"언니가 너무 싫어요! 그러니까 절대로 지고 싶지 않아요!"

사실 비슷한 감정을 느껴본 분들이 있을 겁니다. 형제자매에게 갖는 감정은 의외로 복잡하고 늘 똑같지 않습니다. 일시적으로 싫어하게 되는 일도 비교적 흔하고요. 다만 어린아이라면 모를까, 중학생쯤 되면 부모의 안색도 살피고 피가 이어진 형제자매를 싫어하는 것은 좋지 않은 일이라는 이성도 작용하곤 합니다.

그런데 이렇게 하다 보면 자신의 감정을 그대로 들여다볼 수 없다는 문제가 생깁니다. 비록 형제자매이긴 하지만 '싫어한다'는 감정은 스스로 통제할 수 없는 만큼, 그것을 억누르려고 하면 도리어 강하게 의식하기 쉽습니다. G양 역시 언제부터인가 자신만의 기준을 잃어버리고 오로지 언니를 기준으로 삼은 것이었지요.

어머니 역시 무심결에 언니를 들먹이곤 한 것 같습니

다. 대화를 하다가 "네 언니랑 다르게", "언니는 이런데 너는" 같은 식으로 항상 언니를 기준으로 삼았습니다. 물론 어머니가 큰딸은 모든 것을 잘하는 반면 작은딸은 못한다고 생각한 것은 아닐 겁니다. 자매의 어머니는 각자가 좋은 점과 나쁜 점이 있다고 말했지만, 좋든 싫든 언제나 기준은 언니였습니다.

이야기를 들은 트레이너는 G양에게 이렇게 말했지요.

"언니가 싫어서 이기고 싶다는 거구나? 그건 잘 알겠어. 그런데 언니를 이기고 싶다는 것 외에 너 자신이 지금 뭘 할 수 있는지 생각해보자."

다행히 다음 경기는 중학생만 참가하는 대회였습니다. 언니는 출전하지 않는 그 대회에서 G양이 할 수 있는 일에 대해 생각해보기로 했습니다. 적어도 언니가 출전하지 않기 때문에 그것이 G양에게 '자기 기준의 OK 라인'이 될 것이라 생각했지요.

다만 지금까지 적용해온 승부 방식을 들어보니 역시 언니를 이기고 싶다는 마음이 너무 강한 나머지, 언니가 없어도 항상 완벽하게 경기를 하는 자신이 아니면

OK 사인을 보내지 못하는 상태가 계속되고 있었습니다. 그래서 도중에 한 번이라도 실수를 하면 의욕이 급격히 떨어져 그대로 경기를 끝내버리는 패턴의 연속이었습니다.

그런데 G양이 항상 코치에게 칭찬받는 일이 하나 있었습니다. 바로 스타트가 빠르다는 것이었지요. 저돌적인 G양은 스타트부터 힘껏 치고 나가는 타입으로, 그것이 그녀의 강점이었습니다. 이 점에 착안해 트레이너와 G양은 '스타트를 완벽하게 하면 된다'라는 OK 라인을 설정했습니다.

"언니는 스타트를 좀 힘들어하는데 저는 이게 특기예요."

여전히 언니를 강하게 의식하는 마음이 남아 있었지만, 적어도 스타트가 완벽한지 아닌지는 G양 자신의 문제였기 때문에 이것은 자신을 기준으로 설정한 OK 라인이라고 할 수 있었습니다.

피가 이어진 언니를 싫어한다는 G양의 말에 큰 충격을 받은 듯했던 어머니에게는 형제자매에게 그런 감정을 갖는 것은 자연스럽고 일시적인 일이라는 점을 설명

했습니다.

이와 함께 G양이 어느 정도 자신만의 기준을 되찾을 때까지는 언니와 비교하지 말라고 부탁하고 그날의 트레이닝을 마쳤습니다. 다행히 어머니는 언제부터인지 큰딸을 기준으로 작은딸을 대하는 자신의 태도를 반성하고 자세를 바꾸기로 마음먹었습니다.

어머니가 언니가 아닌 자신을 바라보고 있다는 것을 확실하게 느낀 덕분인지, G양은 '자신만의 기준'을 의식했습니다. 다음 대회에서 G양의 스타트는 완벽했지요. 이미 그 시점에서 그녀는 해냈다는 성취감을 느꼈을 것 같습니다. 그 자신감으로 계속 밀어붙여 자신의 최고 기록을 2초나 단축하는 놀라운 결과를 보여줬습니다.

물론 그렇다고 그 후 언니에 대한 G양의 라이벌 의식이 사라졌느냐고 하면, 결코 그렇지는 않습니다. 아마 당분간은 언니를 이기고 싶다, 지고 싶지 않다는 기분이 완전히 사라지지 않을 것입니다. 그렇다 하더라도 자신만의 OK 라인을 세우고 여기에 좋은 결과까지 손에 넣은 경험이 더해져 자신의 기준을 갖는 데 대한 자신감이 붙었을 것입니다.

'언니를 지나치게 의식하고 있다는 것을 깨달았을 때는, 그런 나 자신을 인정한 다음 의식적으로 나를 기준으로 궤도를 수정한다. 그리고 내 실력을 발휘하기 위해서 해야 할 일을 한다.'

만약 G양이 이런 생각을 할 수 있게 된다면 자신의 능력을 훨씬 더 제대로 발휘할 겁니다. 또 그렇게 자신감을 키워간다면 언젠가는 언니를 따라잡을 수 있을 것입니다.

동성 형제에게 서로의 존재가 커다란 자극이 되어 사이좋게 자라는 경우도 있지만, G양의 사례처럼 어느 한쪽이 강한 콤플렉스를 갖는 경우도 적지 않습니다.

또 남동생이나 여동생이, 형(오빠)이나 언니(누나)에게 지나친 라이벌 의식을 느끼는 것은 비교적 쉽게 볼 수 있지만 반대 패턴, 즉 첫째가 동생에게 열등감을 품는 경우는 좀처럼 밖으로 드러나지 않아 남몰래 괴로워하는 일도 있습니다. '형·남동생'이나 '언니·여동생'처럼 서열이 정해져 있는 이상, 형이나 언니는 '동생보다 잘하는 나'가 아니면 좀처럼 OK 사인을 보낼 수가 없지요.

특히 어릴 때부터 "형이면서", "언니면서" 등의 말을 듣고 자라면 '형인 나' 혹은 '언니인 나'를 강하게 의식한 나머지, 필요 이상으로 높은 OK 라인을 설정하기 쉽습니다. 예를 들면 동생이 80점이라면, 나는 100점이 아니면 OK 할 수 없게 되는 것이지요.

만약 이렇게 설정된 OK 라인을 계속 달성하지 못하면 '형인데도 나는 안 돼', '언니인데도 나는 안 돼'라는 자기부정감에 휩싸일 수 있어요. 아이들에게 첫째라는 역할은 어른들이 생각하는 것 이상으로 무거운 짐일지도 모릅니다. 그런 점에서 아이를 구해줄 수 있을지 없을지는, 가장 가까운 곳에 있는 부모님의 태도에 달렸습니다.

"형이나 언니니까 동생보다 잘해야 하는 건 당연하지" 등 필요 이상으로 그 역할을 의식하게 만드는 말과 행동은, 역할을 다하지 못하면 인정받을 수 없다는 잠재적 공포심을 심어줄 가능성이 있습니다. 만약 이런 지점이 마음에 걸리는 부모님이 있다면, 이런 생각에서 벗어나 자녀마다 갖고 있는 각각의 기준을 존중해주세요.

'OK 라인'은
스스로 통제할 수 있는 것부터

OK 라인을 설정할 때 기억해야 할 점이 한 가지 더 있습니다. 바로 자신이 통제할 수 있는 것을 OK 라인으로 설정해야 한다는 사실이지요.

예를 들어 '다음 시합에서 이긴다'를 목표로 삼을 수 있겠지만, OK 라인으로서는 적합하지 않습니다. 시합의 승패가 자기 능력을 100% 발휘할 수 있는지 여부와 반드시 '=' 관계가 성립하지 않기 때문이에요.

'코치에게 혼나지 않는다'도 마찬가지입니다. 상대가 있어야 성립하는 일은 자기 힘만으로는 어쩔 수 없는 부분이 있습니다. 아무리 노력한다고 해도 비가 오는 것을 막을 수 없는 것과 같아요. 이처럼 스스로 통제할 수 없는 일을 OK 라인으로 설정하면 성취감도, 자신감도 얻을 수 없습니다. 이런 점에서 OK 라인으로는 적합하지 않은 것이지요.

차근차근 자신감을 쌓아 목표에 도달하기 위해서는 스스로 결과를 관리할 수 있는 OK 라인이 바람직합니다. 즉, '시합에서 지고 있을 때는 플레이가 거칠어지게 마련이니 신중하게 경기하는 데 주의를 집중하자', '코치한테 혼나면 내내 마음이 우울해지니까 커다란 함성으로 사기를 올려보자'라는 식의 OK 라인을 설정하는 것이 필요합니다.

이런 OK 라인이라면 시합 흐름이나 코치와 관계없이 '나는 할 일을 했다'라는 성취감을 느낄 수 있어요. 그렇게 자신감을 쌓아가면 '시합에서 이긴다', '코치에게 혼나지 않도록 하자' 등 다음 목표를 향해 나아갈 수 있을 것입니다.

본질에서 벗어난
OK 라인을 설정하고 있어요

중학교 2학년인 H군은 축구 강팀인 주니어 유스 클럽에 소속되어 있습니다. 입단한 이후 항상 주전으로 출전했는데, 한 달 전 선발 명단에서 탈락하고 말았습니다. 원래 자리를 되찾기 위해 필사적으로 연습하고 있지만, 중간에 투입된 연습 경기에서도 실수를 연발하는 바람에 무척 당황했지요.

H군을 처음 만난 자리에서 트레이너는 먼저 이런 질문을 던졌습니다.

"최근에 어떤 기분으로 시합을 하고 있니?"

"감독님께 인정받기 위해서는 최선을 다해 뛰어야 한다고 생각해요. 눈에 띄게 활약하지 못하면 절대 선발 멤버로 돌아갈 수 없을 테니까…."

"축구는 어떤 스포츠지? 어떻게 해야 이기지?"

"네?"

그게 무슨 말이냐는 듯 H군이 어리둥절한 표정으로 되물었습니다.

"선수 개개인이 자신을 어필하면 축구 경기에서 이길 수 있는 건가?"

"아뇨, 팀으로서 상대보다 1점이라도 많은 점수를 따야 이기는 거죠."

"그렇구나. 그럼 너는 주전으로 뛸 때 시합 중 어떤 걸 중요하게 여겼니? 네가 활약하는 것? 아니면 팀이 이기는 것?"

"그야 당연히 팀이 이기는 거죠."

"그렇구나. 그럼 바로 그 부분이 달라진 것이 아닐까?"

"아⋯."

H군은 뭔가 깨달은 듯한 표정을 지었습니다.

선발 멤버로 다시 발탁되기 위해 필사적으로 노력하던 H군이 OK 할 수 있었던 것은 '감독에게 어필할 수 있는' 자신의 모습뿐이었습니다. 왜 그렇게 생각했는지 H군의 마음이 충분히 이해가 갑니다. 하지만 '감독에게 어필한다'라는, 축구의 본질에서 벗어난 주관적인 것을 OK 라인으로 설정하면 그것을 달성하기가 더욱 어려워집니다.

애초에 감독에게 어필한다는 것은, 정말로 어필했는지 아닌지 판단하기도 어려울 뿐만 아니라 자신의 힘으로는 어찌할 수 없는 기준이기도 하지요. 충분히 노력했다고 생각해도 팀의 사정 때문에 다음 경기에서도 선발 멤버가 되지 못할 수 있습니다.

그렇게 되면 성취감도 얻지 못할뿐더러, 선발 멤버로 되돌아갔다고 해도 그것이 감독에게 어필한 결과인지 아닌지 알 수 없습니다. 극단적으로 말해 단순히 감독의 변덕일 수도 있고요.

OK 라인이란 어디까지나 '자신'을 기준으로 한 라인이기 때문에, '스스로 해냈는지 아닌지'를 판단할 수 있는 것, 자신이 통제할 수 있는 것이 아니라면 별 의미가 없습니다.

그 후 H군은 '팀이 이기기 위해서'라는 축구 본연의 의미에 집중했습니다. '벤치에 있어도 큰 소리로 응원한다', '중간에 투입되어 그라운드에 섰을 때, 빼앗긴 공은 반드시 되찾는다' 등 자신이 성취감을 얻을 수 있는 일을 OK 라인으로 정했지요. 그러자 마치 거짓말처럼 그동안의 고민과 마음고생에서 벗어나 금방 선발 멤버로 복귀했습니다.

이는 H군이 축구의 본래 의미로 되돌아갔을 뿐 아니라, 자신이 통제할 만한 일로 설정한 OK 라인을 하나하나 달성해 확실한 성취감을 맛보고 자신감을 가졌기 때문이라고 생각할 수 있습니다.

PART 4

'OK 라인'으로
자신 있게
목표 달성하기

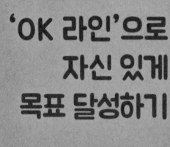

장기적인 목표에도
적용할 수 있어요

이 책에서 소개하는 OK 라인을 사용한 멘탈 트레이닝은, 실전에 강해지는 것을 포함해 보다 큰 목표를 이루기 위한 접근법입니다.

- OK 라인은 조금씩 상향 조정한다.
- 서둘러서 OK 라인을 올려서는 안 된다.
- ⇨ "언젠가는 달성할지도 모르지만 시간이 걸린다는 뜻인가요?"

· OK 라인은 자신이 확실하게 할 수 있는 일로 설정한다.

· 너무 높은 OK 라인은 잘못된 것이다.

· 감당할 수 없는 OK 라인을 설정해서는 안 된다.

⇨ "무모한 꿈을 꿔서는 안 된다는 의미인가요?"

혹시 위와 같이 생각하는 분이 있을지도 모르겠습니다. 당연히 어느 쪽도 아닙니다. OK 라인을 세우고 목표를 이루는데는 필요 이상의 시간이 걸리지 않습니다. 꽤 큰 꿈도 실현할 수 있어요. 어떻게 해서 이것이 가능한 걸까요?

예를 들어 5킬로미터 마라톤의 최고 기록이 30분인 아이가 있다고 가정해보겠습니다. 이 아이가 소속된 팀 전원에게 5킬로미터를 25분에 달린다는 목표가 주어졌습니다. 죽도록 달린다고 해도, 30분이 최고 기록인 아이에게 25분을 돌파하는 것은 결코 쉬운 일이 아닙니다.

열심히 노력해서 28분에 결승선 안에 들어와도 목표에 도달하지 못합니다. 다음 날 더 분발해서 27분까지 시간을 단축했지만 역시 마찬가지죠. 풀이 죽은 채 다음 날 달렸더니 또다시 27분. 이번에도 마찬가지로 목표에 다다르지 못합니다.

이렇게 되면 '할 수 없다'라는 자기부정감이 쌓이기 시작합니다. 못하겠다는 기분으로 달리기 때문에 몸도 무거워서 다음 날의 기록은 28분으로 오히려 후퇴할 수도 있어요. 이쯤 되면 긴장의 실도 끊어지기 시작해서 '역시 나에게는 무리야', '내가 이걸 할 수 있을 리 없지'라는 식으로 자포자기할 수도 있습니다.

만약 자신의 실력을 고려해서 우선은 29분이라는 OK 라인을 설정한다면 어떨까요? 목표가 29분인데 28분 안에 결승선을 통과할 수 있다면 더욱 큰 성취감을 느낄 겁니다. 목표인 25분까지는 3분이 더 남아 있지만, 적어도 자신에게 OK를 보낼 수는 있을 테니까요. 다른 친구들은 25분 안에 들어왔다 해도, 지금 실력으로 보면 이것만으로도 OK라고 할 수 있습니다.

만약 본래 목표, 주위 목표보다 낮은 레벨로 OK 라인을 설정한 것 때문에 코치나 친구들에게 한소리 듣는 것이 싫다면 굳이 이를 공언할 필요는 없습니다. 마음속으로만 자신의 OK 라인을 의식하면 됩니다. 이를 통해 성취감을 얻을 수 있다면 "오늘은 28분에 달렸으니, 마지막 1킬로미터 구간에서 좀 더 힘을 내면 조금 더 시간을 줄일 수 있을지도 몰라. 그러니까 내일의 OK 라인은 27분으로 잡아보자" 같은 의욕도 솟아오를 수 있어요.

물론 "지금의 실력이라면 28분도 아슬아슬하니까 내일의 OK 라인은 똑같이 28분으로 하자"라고 정할 수도 있습니다. 중요한 것은 두세 번 성공 체험을 거듭하며 성취감을 충분히 맛본 뒤 OK 라인을 점차 올리는 것이지요. 이런 식으로 다음은 27분, 그다음은 26분, 이렇게 조금씩 OK 라인을 올리다 보면 생각했던 것보다 빨리 25분이라는 목표에 도달할 수 있을지도 모릅니다.

그렇다면 이 두 경우의 차이는 무엇일까요? 그것은 '자신감'이라는 엔진을 장착하고 있는가 그렇지 않은가의 차이입니다. 자신감이라는 엔진을 가져다주는 것이 바로 OK 라인입니다. 그것이 있다면 목표를 달성하는 데 지나치게 긴 시간이 필요하지 않습니다. 그리고 비록 지금은 무모하거나 아이에게 다소 벅차게 느껴지는 꿈이라도 언젠가는 실현할 수 있을 것입니다.

'OK 라인'으로
현실과 맞서는 힘을 길러주세요

앞서 실전에 강해지기 위해서는 마이너스 감정을 확실하게 받아들이는 것이 중요하다고 했습니다. 목표를 달성하는 데도 마찬가지입니다. 자신의 모습을 있는 그대로 받아들이는 것이 필요해요.

제가 트레이너로 활동하며 느끼는 것이 있습니다. 자신감이 없는 사람일수록 현실을 받아들이지 못한다는 사실이지요. 이런 사람은 실패하는 자신을 마주하지 않기 위해 굳이 목표를 높게 잡는 경향이 있습니다. 아이들도 마찬가지입니다. 자신감이 없는 아이일수록 목표를 높게 내걸곤 합니다.

　예를 들어 지금 실력으로는 주전으로 경기에 나갈 수조차 없는데도 '무슨 일이 있어도 프로 축구 선수가 될 거야'라고 말하고 다니는 아이가 있습니다. 그것이 진정한 목표라면, 이루기 위해서는 강한 의지가 반드시 필요합니다. 하지만 '시합에 나갈 수 없다', 즉 '실력이 부족하다'라는 현실을 받아들일 수 없기 때문에 '열심히 노력하고 있으니까 OK'라며 자신이 상처 입지 않도록 높은 목표를 세우는 것입니다.

　이런 생각을 하는 아이가 정말로 프로 축구 선수가 될 가능성이 있을까요? 저는 높지 않다고 생각합니다. 그 이유는 지금 시합에 나가지 못하기 때문이라거나, 그 정도 재능밖에 없기 때문이 아닙니다. 그보다는 현실을 마주할 능력이 결핍되어 있기 때문입니다. 즉, '시합에도 나가지 못하는 자신'이라는 현실을 인정하지 않은 채 프로를 목표로 '노력하는' 자신에게 OK 사인을 보내기 때문입니다.

　프로가 된다는 높은 목표가 있다면, 비록 이루지 못하더라도 '결과가 아닌 것'으로 자신을 보호할 수 있습니다. 주위 사람들에게 "노력하고 있구나", "큰 꿈을 가지고 있네"라며 칭찬받을 수도 있고요. 그러나 노력하고 있다고 아무리 칭찬받아도, 거기에 OK 사인을 보내도, 일시적인 만족감만 느낄 뿐입니다. 이런 상태에서는 진정한 자신감이 쌓이지 않습니다.

진정한 자신감에는 어디까지나 이루어낸 결과가 따라오는 법입니다. 물론 아직 현실성은 없지만 프로가 되고 싶다는 커다란 꿈이나 목표를 가지는 것은 훌륭한 일입니다. 하지만 그렇기 때문에 더욱 중요한 것은 '시합에 나갈 수 없는' 현실의 자신을 받아들이고, 현재 레벨에 맞는 OK 라인을 하나하나 달성해 진정한 자신감을 키우는 것입니다.

이렇게 얻은 진정한 자신감을 거듭 쌓아가다 보면 프로가 되겠다는 꿈도 마침내 현실성 있는 목표가 될 수 있겠지요. 그러면 또다시 목표를 향해 눈앞의 과제를 하나하나 완수해나가면 됩니다.

커다란 꿈을 이루기 위해 필요한 것은 가능성에 대한 망상이 아닙니다. 자신의 진짜 모습과 실력에서 눈을 돌리지 않고 현실과 마주하며, 꿈을 이루기 위해 지금 해야 할 일을 깨닫고 행동으로 옮기는 자세가 필요합니다.

목표란 향상되고자 하는 마음을 가지는 것, 즉 스스로를 발전시켜 인생을 바꿔가기 위해 세우는 것이기도 합니다. 현실을 받아들이고 자신을 바꾸는 것이 바로 OK 라인입니다. 그러니 아이가 OK 라인을 달성해서 얻는 자신감을 바탕으로 목표를 달성하고, 여기서 나아가 인생을 바꿀 힘을 키워나가도록 도와주시기 바랍니다.

목표와 현실의 차이가 클 때,
어떻게 해야 할까요?

'현실과 마주한다'는 것은, 말하기는 쉽지만 어른에게도 아이에게도 똑같이 어려운 일입니다. 축구 선수가 되겠다는 꿈이 있는데 현실의 자신은 시합에도 나갈 수 없는 처지라면 당연히 자신감이 없을 겁니다. 하지만 사실은 '그것을 인정하고 나면 더 이상 꿈을 좇을 수 없을 것만 같아서 두렵다'라고 마음속으로 생각하는 것이 아닐까요?

그래서 자신이 없기 때문에 현실을 마주 볼 수 없고, 현실을 마주 보지 않기 때문에 자신 없는 상태가 반복됩니다. 자신감 없는 아이는 이런 악순환에 빠져 있을 가능성이 높아요. 이 고리를 끊어버리는 것도 결국은 '자신감'입니다.

현실을 마주 보지 못하는 가장 큰 이유는 내 '현실'과 '목표'의 거리가 멀기 때문입니다. 시합에도 나가지 못하는 아이가 현실에서 도망치는 것은, '선발로 시합에 나가 많은 골을 넣는다'라는 이상적인 모습과 지금 내 모습의 격차가 너무 크기 때문이지요. 이런 상황에서 목표를 실현하는 것은 열 칸을 건너뛰어 계단을 올라가는 것만큼이나 불가능한 일입니다.

방법은 현실과 목표의 거리를 좁히는 것입니다. 현실의 자신에 맞게 조금씩 OK 라인을 올려가는 것이지요. '목표', '정확한 실력의 파악', 'OK 라인', 이 세 가지를 균형 있게 설정할 때 비로소 자신감이 생겨납니다.

눈앞의 현실을 바꾸기 위해서는 먼저 지금 내가 '할 수 있는 일'과 '할 수 없는 일'을 정리할 필요가 있습니다. 이 두 가지 사이에 선을 긋는 것은 너무 느슨해도, 너무 엄격해도 좋지 않습니다. 이런 맥락에서 부모님의 객관적인 조언이 중요합니다. 지금 무엇을 할 수 있고 할 수 없는지, 아이와 찬찬히 이야기하면서 적어보길 권합니다.

목표를 달성하기 위해 필요한 태도는 '할 수 없는 것'을 '할 수 있는 것'으로 바꾸는 것입니다. 이를 위해서 OK 라인을 설정하는 것이지요. 할 수 없는 것을 할 수 있게 되려면, 지금 내가 할 수 있을 것 같은 일을 OK 라인으로 설정하고 그것을 하나씩 이루어가면 됩니다.

할 수 있을 것 같은 일에 도전해서 정말로 해냈다는 자기긍정감을 맛보는 사이, 조금씩 현실의 나에게 자신감이 생길 수 있습니다. 이렇게 되면 현실의 자신을 제대로 마주 볼 수 있게 됩니다. 스스로에게 부족한 것이 무엇인지, 다음에는 무엇을 하면 되는지 항상 생각하는 습관을 들일 수 있어요. 이를 통해 '할 수 없는 일'이 조금씩 '할 수 있는 일'로 바뀌면 다음 단계로 나아갈 수 있습니다.

물론 '시합에 나가서 골을 넣는다'와 같이 갑자기 OK 라인의 수준을 높이는 것은 바람직하지 않습니다. 하나씩 하나씩, 작지만 확실하게 자신감을 쌓아가는 것이 커다란 목표를 달성하는 데 필요한 강력한 엔진이 될 수 있어요.

그러니 아이가 두려워하지 말고 자신의 지금 모습과 실력을 받아들이도록 도와주세요. 현재 할 수 없는 일을 깨달아야 '할 수 없는 일'을 '할 수 있는 일'로 만들 수 있습니다. 막연하게 할 수 없다는 생각만 해서는 아무리 커다란 목표가 있어도

처음 하는 일에 도전하기

지금껏 해본 적 없는 일에 대한 예측력을 기르는 훈련입니다. 처음 하는 일을 놓고 자신을 과소평가하는 사람이 있는가 하면, 과대평가하는 사람도 있습니다. 앞으로 겪을 일을 예측하는 힘을 기르면, 처음 하는 일에 대한 두려움이 적어지고 행동으로 옮기기도 쉬워질 수 있어요.
예를 들어 처음으로 볼링을 한다면,

· 자신이 어떤 결과를 낼지 예측한다.
· 게임을 하는 도중에 어떤 일이 발생할지 다섯 가지를 적어본다.
· 결과와 예측의 차이를 살펴본다.

이 훈련은 '믿고 있던 자신'이 아니라 '실제 현실의 자신'을 깨닫는 계기가 될 수 있습니다.

앞으로 나아갈 수 없습니다. '할 수 없는 일'이 무엇인지 확실히 알게 되었기 때문에 오히려 의욕이 생겼다는 아이들도 많습니다.

중요한 것은 아주 사소한 발전이라도 마음껏 기뻐하는 것입니다. 아버지나 어머니도 아이가 작은 성공 체험에서 얻는 성취감을 마음껏 맛볼 수 있도록 "대단해!", "잘했어!"라고 충분히 격려해주시기 바랍니다. 성취감을 공유할 사람이 있다는 것은 아이에게 무엇보다 큰 격려가 되니까요.

'노력했으니 됐어'라는
함정에 빠지지 않으려면

스스로 정한 OK 라인을 달성하는 것. 그것은 '결과를 낸다'는 뜻입니다. 예를 들어 '5킬로미터 마라톤에서 27분 안에 결승점에 들어오기'라는 OK 라인을 설정했다면, 27분을 주파하는 결과를 냈을 때야 비로소 성취감이 생길 수 있습니다.

그런데 그 건너편에는 '노력하는 것이 중요하다', '최선을 다하는 것이 중요하다'는 생각도 있습니다. 자녀 교육서를 보면 결과보다 과정을 평가하는 것이 중요하다는 내용을 어렵지 않게 찾아볼 수 있지요. 하지만 제 생각은 조금 다릅니다. 결과를 냈는가 내지 못했는가, 달성했는가 그렇지 않은가로 평가해야 한다고 생각합니다.

'노력했으니까 훌륭해', '최선을 다했으니까 그걸로 됐어'라는 식으로 아이가 결과와 상관없이 칭찬받는 데 익숙해지면, 그저 노력을 인정받는 것만으로 만족감을 얻을 가능성이 있기 때문입니다. 그러다 보면 '최선을 다했으니까 좋은 결과를 내지 못해도 할 수 없지'라는 생각이 자리 잡아 OK 라인을 달성하지 못해도 노력한 자신에게 OK를 보내려는 경향이 생길 수 있어요.

하지만 그렇게 해서는 진정한 자신감을 얻을 수 없습니다. 실전에 강해지는 힘 역시 기를 수 없지요. OK를 보내도 되는 것은 어디까지나 '노력한 결과, 내가 정한 OK 라인을 달성한 나'입니다.

이렇게 말하면 아이에게 너무 가혹한 것 아니냐고 생각하실지도 모르겠습니다. 하지만 OK 라인이란 곧 '내가 확실하게 할 수 있는 일'로 설정하는 것이지요. 그러니 노력했지만 이룰 수 없다는 것은, 다시 말해 OK 라인의 레벨이 지나치게 높았다는 뜻이 아닐까요?

이런 경우에는 '노력하면 달성할 수 있는' 레벨의 OK 라인을 다시 설정하면 됩니다. 레벨이 낮아도 괜찮습니다. 중요한 것은 그것을 달성함으로써 아이가 얻을 성취감이지요. 아이들은 '노력했다'는 과정 자체보다는 이 성취감을 쌓아 올릴 때 비로소 진정한 자신감을 얻을 수 있다는 사실을 기억해두세요.

좋아하는 것 vs 하지 않는 것

OK 라인을 하나씩 하나씩 달성함으로써 얻을 수 있는 자신감도 그렇지만, 목표를 이루기 위해서는 '행동으로 옮기는 힘', 즉 '의욕'이 필요합니다. 어떻게 해서든 아이에게 의욕을 불어넣어주고 싶다는 부모님들의 상담 요청을 많이 받습니다. 하지만 하고 싶은 마음이 없는 아이의 의욕을 불러일으키는 것은 무척 어려운 일이지요.

예를 들어 3장에서 소개한 F군의 경우도, '학교에 간다'는 목표는 있었지만 그 행동을 뒷받침할 '이유'가 부족했습니다.

'친구를 만날 수 있다'는 것은 F군에게 공포일 뿐이고, 그렇다고 공부를 썩 좋아하는 것도 아니었기 때문에 학교에 갈 이유가 전혀 없었습니다. 한마디로 가고 싶지 않은 상황이었지요.

이렇게 되면 학교는 가고 싶으니까 가는 곳이 아니라, '가지 않으면 안 되는 곳이니까 가는 곳'이 될 뿐입니다. 여기에는 의무감만 있지요. 어머니가 F군에게 "반드시 학교에 가야 해"라고 거듭 말한 것은 아들에게 의욕을 불어넣으려는 필사적인 노력이었던 셈입니다.

이럴 때 도움이 되는 접근법은 무엇일까요? 바로 본인이 좋아하는 것이나 가장 소중하게 생각하는 것과 '하지 않으면 안 되는 것'을 결합하는 것입니다. 지역 야구팀에 소속되어 있던 F군은 집 근처에서 하는 합숙을 무척 좋아한다고 했습니다. 어머니는 벌써 2주나 학교에 가지 않는 아들에게 "학교에 가지 않는다면 합숙에도 못 갈 줄 알아"라고 선언했지요. 합숙에 갈 수 없다는 것은 F군에게는 무척 중요한 일이었습니다. 이대로 있으면 정말로 합숙 훈련에 참여하지 못할까 봐 당황했습니다.

그래서 트레이너는 F군에게 "합숙에 가기 위해서 학교에 간다고 생각하면 어떠니?" 하고 제안했고, 이는 F군이 다시 학교에 가도록 하는 첫걸음이 되었습니다. 그가 '3교시부터 학교에 간다'라는 OK 라인에 도전하고 성공할 수 있었던 것은, 학교에 가는 것이 무섭다는 마음보다 합숙하고 싶다는 마음이 컸기 때문일 겁니다. 이처럼 아이가 좋아하는 것과 반드시 해야 하는 의무를 세트로 생각하도록 도와주면 아이의 마음에 의욕을 불어넣을 수 있습니다.

'하기 싫다'를
'하고 싶다'로 바꾸는
엄마의 노하우

아이들에게 대부분 공부는 그저 의무입니다. 물론 어느 정도
나이를 먹으면 '장래를 위해서'라는 동기가 생기긴 하지만, 초
등학생 정도 아이에게는 그것이 동기가 되기 어렵지요. 간단
히 말하면 부모가 아무리 "네 미래를 위해 필요한 거야"라고
입이 닳도록 말해도 의욕을 불러일으킬 수는 없다는 뜻입니
다. 이런 경우에는 아이가 중요하게 생각하는 것이나 좋아하
는 것과 적절히 결합하면 효과가 좋습니다.

예를 들어 어린이나 청소년 축구팀 중에는 '성적이 떨어지

면 일주일간 연습 참여 금지'라는 규칙을 만들어둔 곳이 꽤 있습니다. 아이들이 축구를 하고 싶은 마음을 공부에 대한 의욕으로 연결시키기 위해서일 가능성이 높습니다. 이를 통해 아이들은 '축구가 하고 싶기 때문에 공부를 할' 마음을 갖게 되는 것이지요.

제게 상담하러 온 친구 중에는 지역 대회에 출전할 것으로 주위의 기대를 한 몸에 받는 여자 피겨스케이팅 선수가 있었습니다. 그 아이의 의욕에 불을 붙인 것은, 지역 대회에 출전하면 아이스쇼에 나갈 수 있는 특전이었지요.

아직 초등학교 5학년인 이 선수에게 지역 대회에 출전하면 명예를 얻을 수 있다는 점은 그리 크게 와 닿지 않았을 겁니다. 점수를 놓고 경쟁하는 것이 아니라, 평소와 다른 의상을 입고 관객을 즐겁게 하는 아이스쇼라는 무대에 설 수 있다는 점에서 가슴이 두근거린 것이지요.

남자아이의 경우, 여학생에게 인기를 얻을 수 있다는 것도 꽤 효과적인 동기가 됩니다. 남자에게는 아무리 폼을 잡아도, 나이가 몇 살이 되어도, 동반자를 만나기 전까지 여자에게 인기를 얻는다는 것은 커다란 과제니까요. 최고 기량을 갖춘 운동선수 중에도 여자들에게 인기를 얻고 싶어서 노력했다고 말하는 사람이 있습니다.

그러므로 예를 들어 '여자들에게 인기가 있으려면 공부를 잘하는 편이 좋다'는 것을 느끼게 하면 공부에 대한 의욕이 향상될 가능성이 무척 높아요. 더구나 이런 마음은 일시적인 것으로 끝나는 것이 아니라 장기적인 의욕이나 동기부여가 되기도 합니다.

한편 여학생은 '누군가를 기쁘게 하기 위해서'라는 마음이 강합니다. '아버지나 어머니를 기쁘게 하기 위해서'라든지 '사랑하는 할머니를 기쁘게 하기 위해서'라는 마음이 의욕으로 연결되는 경우지요.

아이들은 먼 미래의 목표보다 눈앞의 목표에 의욕을 불태우기 쉽습니다. 예를 들어 특정 고등학교 진학에 대한 의욕을 불러일으키는 것은 '나중에 대학교에 진학할 때 유리하다' 같은 이야기보다, '예쁜 교복을 입을 수 있다', '그 학교만의 특별한 해외 프로그램을 체험할 수 있다'라는 식으로 접근하는 편이 의욕을 타오르게 하기 쉽습니다.

다음 목표를 그려 나가도록
도와주세요

악착같이 추구하던 목표를 달성한 순간부터 행동이 소극적으로 바뀌는 것은 사실 중고생들에게 흔히 있는 일입니다. 극단적인 경우에는 의욕 자체를 잃어버리고 이른바 '번아웃 증후군'에 빠져버리기도 합니다.

이런 상황을 방지하기 위해서는 목표 달성이 눈앞에 다가왔을 때 이후에 달성할 다음 목표를 생각해두면 됩니다. 다만 이미 말한 것처럼 아이들은 특히 눈앞에 있는 목표에 정신이 팔린 경우가 많지요. 그래도 관심이 큰 대상에는 적극적인 모습을 보이곤 합니다. 그 때문에 눈앞의 목표를 달성한 후에는 호기심을 갖고 싶은 다음 대상을 찾을 수 있도록 평소에 대화를 나누는 편이 좋습니다.

단, 여기서 강조하고 싶은 것이 있습니다. 목표를 이루는 것 자체가 목표가 되어서는 의미가 없습니다. 그토록 꿈꾸어 온 주전 선수가 되었는데 멋진 활약을 펼칠 수 없다거나, 지망하던 학교에 합격했는데 공부에서 마음이 떠나는 일이 있어서는 안 되겠지요.

그러니 곁에 있는 아버지, 어머니의 도움이 필요합니다. 아이가 하나의 목표를 이룬 후 자신의 모습을 구체적으로 그릴 수 있도록 조언해주세요.

 목표를 이룬 후
갈 곳을 잃어버렸어요

고등학교 2학년인 I군은 럭비 선수입니다. 그가 다니는 학교는 럭비로 유명한 학교라서 럭비부원의 수는 100명이 넘습니다. 럭비부는 레벨에 따라 A~E팀까지 5개

팀으로 나뉘어 있는데, 공식 경기에 출전할 수 있는 것은 A팀 멤버뿐입니다. 그래서 B~E팀 멤버들은 하나라도 높은 레벨로 올라가기 위해 매일같이 연습한다고 합니다. 마치 메이저리그로 올라가려는 마이너리그 선수처럼 말이지요.

B팀에 있는 I군 역시 A팀에 들어가는 것을 목표로 삼았습니다. 그 목표를 향해 스스로 정한 OK 라인을 하나하나 달성하면서 점점 자신감을 붙여가고 있었지요. 덕분에 이전보다 적극적으로 플레이를 펼쳤고, 친구들 사이에서 리더십을 발휘하게 되자 코치에게도 좋은 평가를 받았습니다.

마침내 어느 날, 연습 시합 중 갑자기 코치에게 A팀 경기에 출전하라는 말을 들었습니다. 그간의 노력이 결실을 맺은 것이었지요. 그런데 기쁨도 잠시, I군은 A팀의 연습 시합에서 그다지 좋은 활약을 펼치지 못했습니다. 이런 상황이 반복되자 결국 B팀으로 돌아가고 말았지요. B팀에서 싸울 때보다 상대가 강했다는 점을 감안한다 해도, I군의 장점인 특유의 적극성이 전혀 발휘되지 않았다며 코치에게 주의를 들었다고 했습니다.

"A팀에서의 시합은 어땠어?"

"음…. 선수 명단이 발표되었을 때는 무척 긴장했던 것 같아요."

"그건 무엇에 대한 긴장이었을까?"

"A팀에 들어갈 수 있을까, 하는 생각 때문이죠. 선수 명단을 발표할 때는 항상 긴장해요."

"그건 그렇겠네. 그걸 위해 노력하고 있었으니까. 그래서 실제로 선수 명단에 올라갔을 때는 어떤 기분이었지?"

"그야 당연히 기뻤죠. 드디어 여기까지 왔다는 기분이 들었어요."

"그래, 기뻤겠지. 그때 A팀 시합에 나간다면 무엇을 할 수 있을 거라고 생각했니?"

"사실은 그걸 생각할 여유가 없었어요. 앞으로 한 달쯤 후에는 나갈 수 있을지도 모르겠다고 기대했지만, 설마 그날 선발되리라고는 생각도 못해서…. 물론 열심히 하자고는 생각했지만요."

"뭘 열심히 하려고 생각했을까?"

"음, 그냥 어쨌든 열심히 하자는 마음이었던 것 같아

요. B팀에서 경기를 할 때는 항상 OK 라인을 의식하고 있었는데, A팀이 된 다음에는 의식할 게 없었던 것 같기도 하네요."

"아하, 목표 없이 시합에 던져진 느낌이었구나?"

"맞아요. 그때는 원래 목표를 달성해서 안심해버렸다고 해야 할까요."

A팀이 된 I군은 계속 추구해온 목표를 달성했다는 안도감으로 가득 차 있었을 겁니다. 그것은 A팀에 들어가는 것이 I군에게는 그만큼 커다란 목표였다는 뜻이기도 하지요.

물론 목표를 달성했을 때 그 기쁨을 제대로 맛보는 것은 굉장히 중요한 일입니다. 그 기쁨이 다음 단계로 연결되는 자신감이 되기 때문이지요. 하지만 거기에 '다음'이 없다면 어떻게 될까요? I군 역시 A팀에 들어간다는 목표의 '다음'이 준비되어 있지 않았기 때문에 나아갈 방향을 잃었고, 그 때문에 활기차게 움직일 수 없었으리라고 생각할 수 있습니다.

그래서 I군에게는 다시 한번 A팀으로 올라간다는 목표를 위한 OK 라인과 더불어 이 목표를 달성했을 때 설정할 그다음 목표를 생각해보라고 말했습니다. I군이 내놓은 '다음' 목표는 'A팀 사이에서도 눈에 띄는 선수가 되는 것'이었지요. 저는 새로운 목표를 달성하기 위한 최초의 OK 라인도 설정해두라고 조언했습니다.

얼마 후 다시 한번 A팀이 되어 시합에 나갈 기회를 얻은 I군은 새롭게 설정한 OK 라인을 의식하며 시합에 임했습니다. 그러자 지난번과는 비교할 수 없을 정도로 적극적인 플레이를 펼쳐 팀의 승리에 공헌할 수 있었지요. 맹렬히 태클을 걸고 리더십을 발휘해 A팀에서도 명확히 눈에 띄었다고 합니다.

기회를 잘 살린 I군은 그 후에 A팀에 무사히 정착했습니다. 하지만 일절 자만하지 않고 부단히 노력하고 있습니다. 'A팀에서 눈에 띄는 선수가 된다'라는 다음 목표에 계속 도전하고 있기 때문이지요.

부모님을 위한
효과 만점
노하우

때로는 부정적인 감정을
경험할 기회도 필요합니다

'실전에 약한 아이들'의 공통점은 '감정의 경험치'가 무척 낮다는 것입니다. 감정의 경험치는 '그 감정을 맛보면서 행동으로 옮기는' 경험으로 단련됩니다.

하지만 J양처럼 우는 것으로 긴장에서 계속 도망친다면 경험치를 올릴 수 없습니다. 또 '무섭다', '분하다', '슬프다'는 마이너스 감정을 되도록 맛보지 않도록 부모님이 지나치게 신경 써주는 것도 아이가 감정의 경험치를 올릴 수 없게 만듭니다. 여기에 '무섭다'거나 '힘들다'는 감정을 경험해볼 수 있는 등산, 캠핑 등 야외 활동을 할 기회가 이전보다 줄어든 것도 원인이 될 수 있어요.

어쨌든 실전에서 실력을 발휘하지 못하는 근본적인 원인은 결국 이런 마이너스 감정의 경험치가 낮기 때문입니다. 실전에서 마이너스 감정이 솟구치는 순간에 그 감정을 그대로 지닌 채 행동하는 경험이 쌓이지 않은 것이지요. 그 때문에 '난 안 돼'라며 곧바로 포기해버리거나, 반대로 감정 자체를 완전히 없애버리려다 결국 실력을 발휘하지 못하게 되는 것입니다.

제가 부모님께 명심해달라고 부탁하고 싶은 것은, 아이가 마이너스 감정을 맛볼 기회를 필요 이상으로 빼앗지 말라는 것입니다. 아이가 마이너스 감정에 짓눌려 있는 것 같다면 거기에서 도망치는 것이 아니라, 아무리 작은 것이라도 좋으니 우선 한 걸음 내딛도록 뒤에서 격려해주는 것이 좋습니다. 그 첫걸음이 바로 OK 라인이 될 수 있습니다.

'긴장돼서 하기 싫다', '무서워서 하기 싫다'는 것은 어떤 의미에서는 당연합니다. 하지만 계속 그렇게 하다 보면 언제, 얼마만큼 닥쳐올지 예상할 수 없는 '감정'에 행동이 휘둘릴 가능성이 높습니다. 감정에 휘둘리지 않고 행동으로 옮길 수 있는 힘을 기르는 것이야말로 '실전에 강한 아이'가 된다는 뜻입니다.

 행동이 감정에
지배당하고 있어요

어릴 때부터 가라테를 배워온 J양은 초등학교 5학년입니다. 어머니 말에 의하면 '극도의 긴장증'이 있어서, 시합 때마다 너무 긴장한 나머지 울어버리거나 가끔은 코트에 올라가지 못하는 일도 있다고 합니다.

J양의 경우는 '긴장에 익숙해지는' 것이 중요했기 때문에 앞서 D군의 사례에서 소개한 것처럼 '자기소개 훈련'에 집중하기로 했지요. 훈련 내용을 알려주자 J양은 "긴장돼서 하기 싫어요!"라며 울기 시작했습니다. 일단 이름까지만 말해도 괜찮다고 달래서 간신히 상담실 문 앞까지는 왔지만 밖에서는 울음소리만 들릴 뿐, 전혀 문을 열 기색이 없었습니다.

그렇게 30분이 지나자 J양의 어머니는 "오늘은 여기

까지만 해도 괜찮습니다"라고 말했습니다. 아마 트레이너에 대한 미안함과 동시에 '이렇게 힘들어하는 걸 억지로 시키려니 아이가 불쌍하다'라는 마음 때문이었던 것 같습니다.

그동안 긴장한 J양이 울면, 어머니는 주위 시선을 의식해서 금방 "힘들면 그만해도 돼" 하며 구원의 손길을 내밀었던 것 같습니다. 울면서 어떻게든 코트에 서는 경우도 있지만, 처음부터 포기했기 때문에 이긴 경험이 거의 없다고 했지요.

즉, J양은 울면 긴장되는 상황에서 도망칠 수 있다는 것을 알고 있었습니다. 그러니 우는 것으로 긴장이라는 싫은 감정에서 도망치기를 반복한 것입니다.

하지만 이날은 달랐지요. 트레이너는 어머니를 제지하고 J양에게 말을 걸었습니다.

"들어올 수 있을 것 같을 때까지 울어도 괜찮아. 선생님은 여기서 계속 기다릴게."

그러자 J양은 더 크게 울었습니다. 어머니를 돌아보자 다시 한번 흐름을 끊을 타이밍을 엿보는 듯한 모습이었지요.

그러는 사이에 울음소리가 조금씩 잦아들더니 잠시 후 조용히 문이 열렸습니다. 거기에는 개운하게 울어버린 눈으로 J양이 서 있었습니다. 트레이닝을 시작한 지 45분이 흐른 뒤였지요.

하지만 문을 열고 트레이너의 모습을 본 J양은 또다시 울기 시작했습니다. 트레이너는 이렇게 말했습니다.

"울어도 괜찮으니까 스스로 할 수 있을 것 같을 때 들어오렴."

그렇게 다시 기다리기를 20분. J양은 마침내 한 걸음 한 걸음, 천천히 방 안으로 들어섰습니다. 그리고 트레이닝을 시작한 지 한 시간이 훨씬 지나서야 비로소 '의자 위에 올라서는' 지점까지 도달했습니다. 그리고 나서 크게 한숨을 쉰 뒤 자신의 이름을 말했지요.

모기 소리처럼 작은 소리였지만, J양에게는 처음으로 '스스로 긴장에 도전하는' 순간이었습니다. 이 트레이닝에서 J양은 한 시간 이상 계속 긴장하고 있는 자신을 마주했지요. 아마 상상 이상으로 힘들고 괴로운 일이었을 겁니다. 결국 그녀는 J양은 '그래도 해냈다!'는 감정을 경험했습니다.

다음 경기 때 J양은 한 시간 전 경기장에 도착했습니다. 어머니의 말에 따르면 역시 긴장해서 울기 시작했다고 합니다. 하지만 한 시간 후 J양은 울음을 그치고 각오한 표정으로 코트로 향하더니, 대전 상대에게 "잘 부탁드립니다"라고 인사를 건넸습니다. 울지 않고 인사한 것은 이때가 처음이라고 했습니다.

아쉽게도 시합에서 졌지만 J양은 마지막까지 한 번도 울지 않고 싸웠습니다. 물론 이것은 그녀가 긴장하지 않았기 때문이 아닙니다. '긴장했지만 그럼에도 해낸' 것이지요. 한 시간 동안 울고 난 후 자기소개를 해낸 트레이닝의 결과였습니다. 즉, J양의 등을 밀어준 것은 '긴장해도 한 시간 동안 울고 나면 할 수 있어'라는 성공 체험이었지요.

그 후에도 그녀는 한 시간 전 회장에 도착해 한껏 긴장을 맛본 다음 시합에 임하기를 반복했습니다. 그처럼 긴장에 익숙해지는 사이, 우는 시간도 한 시간에서 50분, 45분, 30분으로 점점 짧아졌습니다. 울지 않고도 긴장과 맞설 만큼 성장한 것입니다.

마음의 준비를 제대로 하게 되면서 시합에서도 실력

을 발휘할 수 있었습니다. 물론 지금도 J양은 시합에 나가기 전 긴장된다고 말합니다. 그러나 그녀에게 긴장은 억지로 맛보게 되는 것이 아니라 '스스로 도전하는 것'이 되었습니다. 이처럼 스스로 긴장에 도전하고 거듭 성공하면서, J양은 '긴장해도 할 수 있다'는 자신감을 조금씩 얻어가고 있습니다.

아이의 있는 그대로의 모습을
받아들여주세요

저는 여러 스포츠 종목 선수와 비즈니스맨, 그리고 아동의 멘탈 트레이너로 활동해왔습니다. 하지만 저 역시 처음 만나는 사람과 대화를 나누거나 여러 사람들 앞에 나설 때 무척 긴장하곤 합니다. 사실 저는 어렸을 때부터 심약한 성격이었습니다. 지금도 제 멘탈은 일반적인 시각에서 볼 때 약한 부류에 속한다고 생각합니다. 하지만 그럼에도 실전에서 제 능력을 발휘하는 것은 물론 결과도 내고 있습니다. 네, 저는 멘탈은 약하지만 자신감을 갖고 있는 거지요.

이런 자신감을 갖게 된 첫걸음은 '마음 약한 나 자신'이나 '사람들 앞에서 긴장하는 나 자신'이 진정한 내 모습이라는 사실을 깨달았기 때문입니다. 약한 제 모습을 솔직하게 받아들였다고 할 수 있지요.

　　자신감을 갖기 위해서는 스스로를 부정하는 것을 그만두어야 합니다. 무리해서 나를 바꾸려고 하는 것도 그만두어야 해요. 있는 모습 그대로의 내가 할 수 있는 것부터 해나가면 됩니다. 저 역시 이런 생각으로 매일 작은 성공에도 저 자신에게 OK 사인을 보내면서 소극적인 나도 할 수 있다는 자신감을 얻었습니다.

　　이런 모습은 '그럴 리 없어, 나는 좀 더 할 수 있을 거야'라고 믿으며 악착같이 목표를 향해 달리던 제가 그렇게도 가지길 원했지만, 아무리 해도 가질 수 없는 것이었습니다.

　　"아이가 좀 더 자신감을 가졌으면 좋겠어요"라고 말하는 부모일수록, 있는 그대로의 아이의 모습에 좀처럼 OK 사인을 주지 않습니다.

　　"좀 더 적극적인 아이가 되면 좋겠어요."

　　"사람들 앞에서 긴장하다니, 아직 멀었죠."

　　"애가 늘 마음이 약해서 잘하는 일이 없어요."

가만 보면 많은 부모들이 우리 아이의 '실격 포인트 찾기'에 열중합니다. 그것도 그 '실격 여부'를 세상의 기준으로 결정하지요. 하지만 아이 이외의 기준이 있으면 아이 나름의 성장을 깨달을 수 없습니다.

예를 들면 앞서 말한 것처럼 5킬로미터 마라톤에서 25분 안에 결승선을 통과하지 '못하는' 것만 의식한 탓에, 30분에서 29분으로 발전한 것을 진심으로 칭찬해주지 못하는 것이지요. 그러면서 아이가 25분 안에 들어오지 못하는 이유만 찾아 헤매는 겁니다.

그러나 아무리 이유를 찾는다고 해도 그것은 자신감으로 연결되지 않습니다. 그것 때문에 고민하고 괴로워할 바에야, 차라리 25분이라는 목표를 향해 '해냈다'는 자기긍정감을 쌓을 방법을 고민하는 편이 낫습니다.

아이에게 자신감을 심어주는 첫걸음, 그것은 아이 모습을 있는 그대로 받아들이는 것입니다. 그리고 지금 아이가 할 수 있는 것, 어제보다 더 잘할 수 있게 된 것에 OK 사인을 듬뿍 보내주세요.

그날 아이를 칭찬한 일을 되도록 구체적으로, 여러 가지 적어봅니다. 예를 들어

· 시험에서 좋은 점수를 받아와서 "정말 잘했구나!"라고 칭찬해 주었다.
· 특별 활동 시간에 잘하기 위해 집에서도 연습하고 있어서 "열심히 하네. 훌륭해!"라고 칭찬해주었다.

그리고 '칭찬한' 일에 대해 아이 자신은 어떻게 생각할지 부모님이 상상해서 적어보세요. 예를 들면 다음과 같습니다.

· 시험을 잘 보면 칭찬받을 수 있다.
· 내가 좋아하는 것을 열심히 하면 칭찬받을 수 있다.

위 리스트를 실제로 만들어보면, 사실은 아이가 잘하는 것만 칭찬하고 있음을 알 수 있습니다. 잘하는 것을 칭찬하는 것도 중요하지만, 원래 잘하는 것은 아이 스스로도 자신감을 가지고 있는 경우가 많아 다른 사람의 힘을 빌리지 않고도

자기긍정감을 갖기 쉽습니다.

반대로 서툰 일은 칭찬받는 경우가 적기 때문에 자기부정감으로 연결되기 쉽지요. 그러므로 서툰 것 중 할 수 있는 것을 찾아내 칭찬해주는 것이 아이의 자기긍정감을 쌓아가는 데 결정적인 역할을 합니다.

다시 말해 아이가 자신 없어 하는 것을 의식적으로 칭찬해주면, 서툰 것에 대해서도 자기긍정감을 가지는 계기가 될 수 있습니다.

부모가 평상시에 말하고 싶은 것을 얼마나 아이에게 말하고 있는지 실감할 수 있는 훈련입니다.

· 아이가 선두를 달린다.
· 아이가 달리는 길을 결정한다.
· 아이가 부모를 이끌고 달린다.
· 아이를 격려하지 않는다("힘내, 얼마 안 남았어!", "너무 늦다~" 등 부모가 아이에게 무심코 하는 말은 전부 금지).
· 걷지 않고 달린다.

달리는 20분간 말하는 것은 안 되지만, 아이를 칭찬해줄 부분을 될 수 있는 한 많이 찾아봅니다. 그리고 달리기가 끝난 뒤 아이에게 말로 표현해보세요.

아이의 말을 공감하며
들어주세요

있는 그대로의 모습을 받아들이려고 해도 부모님이 "우리 아이는 이래요"라고 믿거나 단정 짓는 경우가 많습니다. 아이의 진짜 모습을 알기 위해서 가장 필요한 것은 역시 대화입니다. 새삼스럽게 대화를 나누는 것이 어렵게 느껴질지 몰라도, 매일매일 이야기를 나눈다면 아이는 더 쉽게 자신의 속내를 털어놓을 겁니다.

특별히 부모님께 당부하고 싶은 것은, 아이의 기분을 정확하게 알고 공감하면서 아이의 말을 들어달라는 것입니다. '엄

마가 공감해주고 있다', '아빠가 내 감정을 공유하고 있다'라고
느끼면, 아이는 쉽게 마음을 열 겁니다.

'3교시부터 학교에 간다'는 OK 라인으로 등교 거부를 극복
한 F군도 학교를 땡땡이친 자신에게 큰 죄책감을 가지고 있었
습니다. 이를 안 담당 트레이너는 이런 말을 했습니다.

"나는 팀 연습을 일주일간 땡땡이친 적이 있어. 그것도 고
등학생 때 말이야. 꽤 아슬아슬했지."

"그래서 어떻게 됐어요?"

"큰일 났다고 생각했지만 일단 다시 가봤지. 굉장히 무서웠
지만 말이야."

학교에 가려고 할 때 어머니가 "괜찮지?"라고 묻자 F군은
"무섭지만 할 수 없으니까 갈게"라고 대답했습니다. 나중에
들은 이야기로는 "그 사람(트레이너)도 무서웠지만 갔다고 했
잖아" 하고 혼잣말을 했다고 합니다.

사람은 마이너스 감정을 느끼면, 그런 감정을 가진 자신을
책망하고 그 감정을 억눌러 없애려고 합니다. 하지만 그 감정
을 이해해주는 사람을 만나면 안심하고 그것을 토해낼 수 있
지요.

"그 기분 엄마도 잘 알아."

"아빠, 엄마도 다 경험했어."

이처럼 아이와 이야기를 나눌 때는 반드시 공감하는 태도로 아이 말을 들어보세요.

아이에게 중요한 것은
'부모님'의 칭찬입니다

아이의 자신감을 결정하는 또 한 가지 요소는 부모와의 관계입니다. 이유가 무엇일까요? 아이에게는 다른 누구도 아닌 부모의 반응이 자기긍정감의 기준이 되기 때문입니다.

기억을 더듬어보면 최선을 다해 그린 그림을 아무도 칭찬해주지 않았는데 집에 가져가니 아버지가 크게 칭찬해줘서 자신감을 얻었다거나, 시험 점수가 친구보다 낮아서 시무룩했는데 어머니가 "그래도 전보다 올랐네!"라고 칭찬해줘서 안심한 경험은 누구나 있습니다.

친구에게 바보 취급을 당하거나 선생님께 칭찬받지 못하더라도, 아버지나 어머니가 잔뜩 칭찬해주면 아이는 "난 이걸로 만족해"라는 자기긍정감을 얻을 수 있습니다. 반대로 아무리 선생님이나 코치 등 제3자에게 칭찬을 받았어도, 정작 부모에게 "이런 정도로는 안 되지", "잘 못하고 있네" 등의 말을 들으면 아이는 한순간에 자기부정에 빠집니다. 그 정도로 부모의 말과 태도는 아이의 자신감에 커다란 영향을 미친다는 뜻입니다.

그러므로 아이의 자신감은 부모가 아이에게 얼마만큼 OK를 보내주었는가에 달려 있다고 해도 과언이 아닙니다. 그러니 아무리 작은 일이라도 부모는 아이에게 OK 사인을 충분히 보내주어야 합니다.

혹시 아이가 '잘할 수 없는 것'에만 생각을 집중해 걱정되시나요? 그렇다면 더더욱 '항상 잘할 수 있는 것', '이전보다 잘할 수 있게 된 것'에 주목해주세요. 그런 부모님의 보살핌이 아이의 자기긍정감을 길러줄 것입니다.

부모님도 스스로에게
'OK 사인'을 보내주세요

많은 부모님들과 대화하면서 느끼는 것이 있습니다. 자기 자신에게 OK 사인을 보내지 못하는 분이 무척 많다는 사실입니다. 그런 분일수록 아이에게 지나치게 높은 OK 라인을 강요하는 경향이 있지요.

아이에게 너무
엄격한 요구를 합니다

언제나 자신이 없고 중요한 시합에서 위축되는 것이 고
민인 야구 소년 K군은 아버지와 함께 저를 찾아왔습니
다. 아버지는 K군에게 좋은 조언자입니다. 하지만 늘
엄격하고 "이게 아직 안 되잖아", "이것도 못하면 너는
구제불능이다" 등의 말을 하곤 합니다.

"칭찬받는 일은 거의 없어요."

K군은 조금 불만을 내비치기도 했지요.

저는 K군 아버지에게 "OK 라인을 설정해서 아드님
이 할 수 있는 것부터 시작하게 하면 어떨까요?"라고 물
었습니다. 하지만 아버지는 아무리 생각해도 OK 라인
의 수준을 내릴 수 없다고 했지요. OK 라인을 내리면
아이가 영영 기량을 발휘할 수 없을지도 모른다는 불안
감에 시달리는 듯했습니다. 긴 이야기를 나눠보니, 아
버지부터 스스로에게 OK 사인을 보낼 수 없다는 것을
알게 되었지요.

아버지도 야구 선수 출신이라는 말을 들은 기억이 있

어 그 이야기를 꺼냈습니다. 그러자 아버지는 "벌써 옛날 일이라…" 하며 이야기를 회피하는 듯한 모습을 보였습니다.

사실 아버지는 야구를 좋아했지만 도중에 좌절한 경험이 있었고, 그 일에 강한 콤플렉스를 느끼는 것 같았습니다. '지금은 다른 분야에서 성공했으니 옛날 일 따위는 아무래도 좋다'라고만 생각하며, 과거의 아픈 경험에 뚜껑을 덮으려 했지요.

콤플렉스에 맞서기를 두려워하면 자신에게 OK 사인을 보낼 수가 없습니다. 상처받은 자신을 깔끔하게 받아들이지 않으면 앞으로 나아가는 일은 불가능하지요. 제 말을 들은 K군의 아버지는 당시 느낀 괴로웠던 기분을 조금씩 털어놓았습니다. 그리고 토해내지 못했던 응어리가 무심코 아이에게 엄격한 요구를 하게 만드는 원인이라는 사실을 깨달았습니다.

그 후 K군의 아버지는 자진해서 동네 야구팀에 참가하기로 했습니다. 콤플렉스를 밖으로 토해내자 멈춰 있던 시계가 다시 한번 움직이기 시작한 기분이 든다고 말했지요. 지금의 자신에게 OK 사인을 보낼 수 있게 된

그는, 자신의 OK 라인을 하나씩 달성해감으로써 상처로 가득했던 야구를 즐거운 마음으로 떠올리게 된 것 같았습니다. 물론 K군에게도 무리한 OK 라인을 강요하는 일이 점차 줄어들었지요.

"아이에게 짜증 내는 일이 없어지니 왠지 아이도 좀 더 생기발랄해진 것 같아요. 얼마 전에는 중요한 시합에서 역전 홈런을 쳤다고 하네요. 저도 아이에게 질 수 없죠."

잘할 수 없는 것을 포함해 부모가 지금 아이 모습을 인정하고 작은 성취에 OK 사인을 보내주는 것. 그것이 아이의 자신감을 향상시킬 열쇠입니다. 그러니 부모님들도 아이와 함께 트레이닝을 시작해보시면 어떨까요? 부모와 아이가 서로의 발전을 칭찬하는 과정을 통해, 아이의 자기긍정감이 높아질 수 있습니다. 이것이야말로 우리 아이가 실전에 강한 아이로 거듭나게 하는 또 하나의 비결이 될 것입니다.

나가는 말

"나는 역시 안 돼", "나에게는 무리야" 같은 감정을 '콤플렉스'라고 합니다. 생각해보면 제 인생은 콤플렉스와 싸움의 연속이었습니다. 초등학교 시절 저는 왕따에게 괴롭힘을 당하는, 그야말로 진정한 왕따였습니다. 그랬던 제가 '축구를 하고 싶다!'라고 생각하고 본격적으로 축구를 시작한 것은 중학생 때였지요.

제가 다닌 중학교는 축구 강팀이었습니다. 뒤늦게 시작한 저와 주위 아이들의 실력 차이는 컸고, "나는 왜 이렇게 못할까?" 자책하다 보니 매일 콤플렉스만 커져갔습니다. 저는 늘 축구 실력이 뛰어난 아이들 앞에서 위축됐고, 일상생활에서도 자신감이 없었습니다.

그렇지만 조금이라도 콤플렉스를 해소하고 싶은 마음에 연습에 매진했습니다. 팀 연습이 끝나면 다시 개인 연습에 몰두

하는 날이 반복되었지요. 자정이 넘어 집에 돌아오는 고된 생활이었지만, '노력의 천재'가 되는 수밖에 없다고 믿었습니다.

연습에 연습을 거듭하다 보니, 주위에서는 "저 녀석, 항상 노력하는 모습이 대단해"라고 칭찬해주었습니다. 그중에는 제가 꿈꾼 것처럼 "노력의 천재야"라며 좋은 평가를 해주는 사람도 있었습니다.

칭찬을 받으면 물론 기분은 나쁘지 않습니다. 저는 당시 '열심히 연습하면 다들 나를 좋게 평가해줄 거야'라고 생각했습니다. 하지만 노력에 걸맞은 결과를 얻었느냐고 묻는다면, 결코 그렇지 않았습니다. 저는 여전히 B팀 벤치에마저 앉을 수 없었지요.

지금 생각해보면 저는 '실력이 늘지 않는다'는 엄연한 사실을 '과정의 만족감'으로 상쇄했던 것 같습니다. 노력하고 있다는 것을 변명 삼아, 성과를 내지 못하는 모습을 정당화하려고 했는지도 모릅니다. 여전히 '포기하지 않으면 꿈은 반드시 이루어진다'라고 생각하던 저는 고등학교 졸업 후 축구 선수가 되겠다는 꿈을 품고 스페인과 이탈리아로 갔습니다.

그래도 노력한 보람이 있어서 프로 축구 선수로 뛰기도 했지만, 하면 할수록 주위 선수들과의 실력 차이가 드러났습니다. 그러면서 콤플렉스가 해소되기는커녕 오히려 점점 커져가기만 했지요.

'어떻게 하면 이 콤플렉스를 없애버릴 수 있을까?' 하고 고민하다가 찾은 것이 멘탈 트레이닝입니다. 물론 처음에는 저 스스로 콤플렉스에서 자유로워지는 것이 목적이었습니다. 그렇게 콤플렉스와 마주하다가 멘탈 트레이닝이야말로 바로 내가 자신 있게 열중할 수 있는 분야가 아닐까, 하고 생각하게 되었지요.

콤플렉스 덩어리였던 저는 그때까지 항상 다른 사람들의 안색을 살피며 살아왔습니다. 그 덕분에 상대의 표정, 말과 몸짓을 관찰하는 것이 특기가 되었지요. 그것을 깨달았을 때 비로소 저의 모습을 '이것도 나야'라고 솔직하게 받아들일 수 있었습니다.

콤플렉스는 분명 성가신 존재입니다. 제가 고안한 멘탈 트레이닝이 '성취감'을 중시하는 것도 자기긍정감을 얻음으로써 자신감을 키우기 위해서입니다. 그렇다고 해서 콤플렉스라는 것이 없애야 하는 나쁜 존재라고만 생각하지는 않습니다. 콤플렉스 역시 우리가 무언가를 하도록 만드는 강력한 동기가 되기 때문이지요. 콤플렉스가 있다는 것은 어떤 의미에서는 기회라고 할 수 있습니다.

'콤플렉스를 가지고 있는 나 자신'은 현실입니다. 용기를 가지고 그 현실에 당당하게 맞서는 아이는 그만큼 '되고 싶은 자신'이 무엇인지 잘 알고 있습니다. 그 때문에 콤플렉스를 극복하기 위한 행동, 또는 그것과 공존하기 위한 행동을 할 수 있는 아이이기도 합니다.

콤플렉스를 가진 채로도 얼마든지 좋은 결과를 낼 수 있습니다. 그렇게 얻은 결과를 통해 자신감이 쌓인다면 콤플렉스도 희미해질 수 있습니다. 이것이 이 책에서 소개한 'OK 라인 트레이닝'의 핵심입니다.

"강해져야 해."

"약한 채로 있으면 안 돼."

"멘탈을 단련해야 해."

노력하는 아이일수록 마음속으로는 이런 갈등과 싸우고 있을 가능성이 높습니다. '안 되는 것'에만 집중하니 자신이 없어집니다. 자신감을 기르기 위해 중요한 것은, 작은 것이라도 좋으니 '해낸 것'에 눈을 돌리는 자세입니다. 이를 통해 성취감을 느끼는 것이지요. 다른 말로 표현하면 자신에게 OK 사인을 많이 보내는 것입니다.

이 책을 읽은 부모님들의 조언을 통해 아이들이 자신감을 갖고 좋아하는 일에 열중할 수 있게 된다면, 저자로서 이보다 기쁜 일은 없을 것입니다. 이는 제가 항상 바라온 꿈이기도 합니다.

마지막까지 읽어준 독자들에게 감사를 전합니다.

모리카와 요타로

옮긴이 박현주

이화여자대학교 국문과를 졸업하고 중앙대학교 일본어교육원에서 통·번역 전문 과정을 수료했다. 어린이들에게 글쓰기와 독서 토론을 지도하는 교사로 활동하다가 출판 편집자로 전향해 10여 년간 책을 만들며 살아왔다. 지금도 번역가이자 도서 기획자로서 글 다듬는 삶을 살고 있다. 지은 책으로 『모차르트 이펙트 태교동화』, 『클래식 태교동화』, 옮긴 책으로 『주부 강사 타니시마 나나의 아이와 함께 즐기는 영어』가 있다.

실전에 강한 아이로 키우는 법

초판 1쇄 발행 2018년 9월 10일

지은이 모리카와 요타로 **옮긴이** 박현주
발행인 이재진 **단행본사업본부장** 김정현 **편집주간** 신동해
편집장 이정아 **책임편집** 김보람
디자인 suuuuk
마케팅 이현은 최준혁 **홍보** 박현아 최새롬 **제작** 류정옥

브랜드 웅진리빙하우스
주소 경기도 파주시 회동길 20
주문전화 02-3670-1595 **팩스** 031-949-0817
문의전화 031-956-7352(편집) 02-3670-1199(마케팅)
홈페이지 www.wjbooks.co.kr
페이스북 www.facebook.com/wjbook
포스트 post.naver.com/wj_booking

발행처 ㈜웅진씽크빅 **출판신고** 1980년 3월 29일 제406-2007-000046호.

한국어판 출판권 ⓒ 웅진씽크빅, 2018
ISBN 978-89-01-22614-9 03590